# 미래를 읽다 **과학이슈 11**

## *Season5*

# 미래를 읽다 과학이슈 11 *Season* **5**

2판 1쇄 발행   2021년 4월 1일

글쓴이   이은희 외 10명
펴낸이   이경민

편집   이충환 최정미
디자인   나무와 책

펴낸곳   ㈜동아엠앤비
출판등록   2014년 3월 28일(제25100-2014-000025호)
주소   (03737) 서울특별시 서대문구 충정로 35-17 인촌빌딩 1층
전화   (편집) 02-392-6901  (마케팅) 02-392-6900
팩스   02-392-6902
전자우편   damnb0401@naver.com
SNS   ￼ ￼ ￼

ISBN 979-11-6363-380-8 (04400)

# 미래를 읽다

## 과학이슈 11

### Season 5

이은희 외 10명 지음

동아엠앤비

# 미세먼지, 한반도 대지진, 핵탄두, 가상현실 증강현실까지 최신 과학이슈 11가지를 말하다!

**들어가며**

2016년은 사회 · 정치 · 경제적으로 다사다난했던 격변의 시기였다. 과학계 역시 예외가 아니었다. 이세돌과 알파고의 바둑 대결, 조류 독감 확산 및 가습기 살균제 사태, 중력파 검출 등 굵직굵직한 사건들이 2016년 최대의 화두로 떠올라 전 국민의 관심을 한 몸에 받기도, 국민들을 공포에 몰아넣기도 했다. 이처럼 2016년 한 해를 뜨겁게 달군 과학이슈에는 어떤 것이 있을까?

몇 년 전만 해도 황사가 골칫거리였지만, 최근에는 미세먼지가 한반도를 감싸 하늘이 뿌연 날이면 바깥나들이마저 꺼려지는 것이 현실이다. 그만큼 우리나라의 대기오염이 심각해졌다는 뜻이다. 환경부에서는 고등어나 삼겹살을 구울 때도 다량의 미세먼지가 나온다는 주장이 제기됐고, 대기오염의 원인 중 하나로 알려진 경유차를 줄이기 위해 세금을 인상해서 경유 값을 올려야 한다는 주장도 나왔다. 과연 미세먼지는 정체가 무엇이고, 이를 줄이기 위해서는 어떻게 해야 할까?

2016년 9월 12일 경상북도 경주에서 발생한 규모 5.8의 지진으로 온 나라가 들썩였다. 이번 경주 지진의 놀라운 점은 외국에서나 있을 법한 지진의 진동으로 직접적인 피해가 발생했다는 것이다. 그런데 이 정도의 지진은 일본과 같은 이웃나라에서는 1~2주에 한 번꼴로 발생하는 드물지 않은 현상이다. 지리적으로 근접한 곳에 위치해 있는데도 왜 이런 차이가 발생하는 것일까? 또한 일본과 에콰도르에 대형 지진을 일으킨 불의 고리란 무엇이고, 불의 고리로 인해 강진이 발생하면 우리나라에 어떤 영향을 끼칠까?

4차 산업혁명에 대한 기대와 함께, 가상현실(VR), 증강현실(AR), 혼합현실(MR)에 대한 관심으로 전 세계가 뜨겁다. 최근 가상현실 게임들이 출시되기 시작했고, 가상현실 뉴스가 주요 신문사 인터넷 페이지에서 서비스를 시작했으며, 스마트폰에서 증강현실 개념을 도입한 포켓몬고 게임이 전 세계적으로 큰 인기를 끌었다. 대체 어떤 기술이기에 전 세계가 이토록 열광하는 것일까? 그리고 가상현실, 증강현실, 혼합현실은 어떤 차이점이 있는 것일까?

2016년 9월 9일 북한이 5차 핵실험에 성공하고, 이때 실험한 핵폭탄의 위력이 약 10kt 정도로 알려지면서, 북한이 사실상 핵무기 개발에 성공한 것은 물론이고 핵탄두 소형화까지 실현한 것이 아니냐는 많은 이들의 우려를 자아냈다. 위력도 위력이지만 북한이 안정적으로 핵무기를 생산할 수 있는지, 그리고 무엇보다도 핵탄두를 소형화하는 기술까지 손에 넣었는지 여부가 대한민국 국민들의 큰 관심사다. 이에 대한 전망과 함께 핵기술의 발전과정 및 핵무기는 어떤 원리로 만들어지는 것인지, 과연 북한이 미국 또는 우리나라에 핵공격을 할 것인지에 대해 최근의 정세 및 각국의 기술력을 바탕으로 예측해본다.

이외에도 역사상 최악의 화학물질 사고로 기록될 가습기 살균제 사태, 유례없는 계란 파동 및 조류 인플루엔자에 감염돼 죽은 고양이가 발견되면서 인간도 감염되는 것이 아닌지에 대한 우려가 확산되고 있는 조류 독감, 이세돌을 이긴 알파고의 인공지능이 미래에 끼칠 영향, 미국 대선 예측에서 참패한 여론조사의 문제점, 타계 100주기를 맞은 메치니코프의 선천성 면역 연구, 과학계에 큰 충격을 안겨준 중력파 검출, 2016 노벨 과학상 등이 2016년 한 해 동안 대한민국을 뒤흔든 주요 과학이슈로 등장했다.

과학적으로 중요한 이슈들이 매일매일 쏟아져 나오는 지금, 과학기술의 성과와 중요성을 알리는 데 앞장서고 있는 전문가들이 한자리에 모였다. 우리나라 대표 과학 매체의 편집장 및 과학전문 기자, 과학 칼럼니스트, 연구자들이 모여 우리 생활에 중요한 역할을 할 과학이슈 11가지를 선정했다. 이 책에 선정된 과학이슈들이 우리 삶에 어떤 영향을 미치는지, 그 과학이슈는 앞으로 어떻게 발전해갈지, 또 과학이슈에 의해 바뀌게 될 우리의 미래는 어떻게 펼쳐질지 다 함께 생각해 보았으면 한다. 이는 사회현상을 좀 더 깊숙이 들여다보고 일반 교양지식을 넓히는 데 큰 힘이 될뿐더러, 논술 및 면접 등에도 큰 도움이 될 것으로 확신한다.

2017년 2월 편집부

차 례

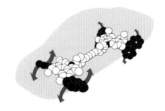

*issue 01*

# 조류 독감

## 이은희

연세대 대학원에서 신경생리학 석사를 취득하고 고려대 과학기술학협동과정에서 과학언론학 전공으로 박사 과정을 수료했다. 현재는 와이즈브릿지에 근무하고 있다. 저서로는 『하리하라의 생물학 카페』 등이 있고, 한국과학기술도서상을 수상했다.

# 닭들의 비극 조류 독감, 사람에게 전염될까?

　살아 있을 때는 온갖 치욕을 당하며 무시와 비웃음의 상징이 되다가 죽은 이후에 비로소 찬사와 사랑을 받는 아이러니한 존재가 있다. 바로 닭이다. 닭을 빗댄 관용어 중에는 그다지 좋은 말이 없다. '닭 발 그리듯'은 글을 쓰거나 그림을 그리는 솜씨가 매우 어색할 때 쓰이는 말이며, '닭 물 먹듯'이란 무슨 일이든 내용도 모르고 건성으로 넘기는 모양새를 말한다. 닭갈비인 계륵(鷄肋)이 먹기에도 버리기에도 애매한 존재를 의미하는 것처럼, '닭'자가 들어가면 뭐 하나 제대로 하는 것 없이 폼만 잡는 형국을 의미한다. 그중 최고는 물론 '닭대가리'다. 국어사전에도 등재되어 있는 이 말은 '기억력이 좋지 못하고 어리석은 사람'을 뜻하는 말로 널리 쓰인다. 하지만 살았을 때는 온갖 멸시를 당하던 닭들도 죽으면 대우가 달라진다. 닭고기는 동서고금을 막론하고 가장 인기 있는 단백질 공급원이었고, 소와 돼지, 비늘 없는 물고기가 종교적이거나 문화적인 이유로 금기시되는 곳에서조차 닭고기는 거부된 적이 없었다. 또한 닭고기는 정성과 풍요로움의 상징이기도 했다. 백년손님인 사위가 오면 장모가 버선발로 나서 모가지를 비틀던 것도 씨암탉이었고, 프랑스의 성군으로 추앙받는 앙리 4세가 바라는 국가상은 '일요일마다 모든 백성들이 닭고기를 먹는 삶'이었다. 고된 하루 일과를 마치고 푹신한 소파에 앉아 좋아하는 드라마를 보면서 바삭하고 고소한 치킨을 뜯는 것이야말로 이 시대 소시민들의 낙이 아니던가. 오죽하면 '치느님'이라는 신조어까지 탄생했으랴.

　　그런데 오랜 세월 인류의 곁에서 오랜 구박과 멸시를 받으면서도, 꿋꿋이 버티며 서민들의 든든한 단백질 공급원 역할을 해온 닭들이 최근 골골거리고 있다. 바로 언젠가부터 유행하기 시작한 조류 독감으로 인해 수천만 마리씩 한꺼번에 떼죽음을 당하고 있는 것이다. 조류 독감이 대체 무엇이기에, 우리의 '닭대가리'이자 '치느님'을 이토록 괴롭히는 것일까.

## 인플루엔자 바이러스의 특성

　　조류 독감(AI, Avian Influenza)은 말 그대로 인플루엔자 바이러스가 조류에 감염되어 일으키는 질병을 말한다. 여러 가지 인플루엔자 바이러스 중에서도 조류 독감의 원인이 되는 건 인플루엔자 바이러스 A형이다. 인플루엔자 바이러스는 오소믹소바이러스(orthomyxovirus)과에 속하는 다섯 가지 RNA 바이러스의 일종인데, 크기는 80~120nm 정도로 대개는 구형을 띠고 있는 바이러스다. 그리스어로 '곧바로(straight)'라는 뜻을 지닌 ortho-와 '점액질(mucos)'이라는 뜻을 지닌 myxo라는 단어로 이루어진 이름에서 알 수 있듯이, 이 그룹의 바이러스들은 호흡기(사람)나 소화기(조류)의 점막에 감염되어 체내로 직접

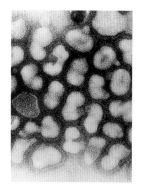
조류 독감을 일으키는
인플루엔자 바이러스 A형

유입되는 특징을 지닌다. 인플루엔자 바이러스는 오소믹소바이러스과에 속하는 대표적인 바이러스로 A형, B형, C형으로 다시 나뉜다. 사람은 A/B/C형 모두 감염될 수 있지만 조류에 감염되는 것은 A형뿐이므로, 조류 독감의 원인은 인플루엔자 바이러스 A형이 원인이 되어 발생하는 조류의 바이러스성 질환이라고 할 수 있다. (이하 '인플루엔자 바이러스'라고 지칭되는 것은 모두 인플루엔자 바이러스 A형을 의미한다.)

인플루엔자 바이러스 역시 모든 여타의 바이러스처럼 유전물질로 핵산(이 경우에는 RNA이다)을 가지며, 단백질로 된 껍데기 안에 유전물질을 담고 있다. 하지만 이들 바이러스만의 특징도 있다. 첫 번째 특징은 표면에 헤마글루티닌(hemagglutinin, H)과 뉴라미니다아제(neuraminidase, N)라는 두 종류의 당단백질이 마치 못처럼 튀어나와 있다는 것이며, 두 번째 특징은 유전물질인 RNA가 하나로 이어져 있지 않고, 8개로 분절된 상태로 들어 있다는 것이다. 이 두 가지 특성은 인플루엔자 바이러스를 변화무쌍한 존재로 만들어 이에 대한 대응을 어렵게 하는 근본적인 이유가 된다.

**인플루엔자 바이러스의 구조**

표면에 헤마글루티닌과
뉴라미니다아제가 마치 못처럼
튀어나와 있다. 게놈을 구성하는
바이러스성 RNA는 여러 개의
붉은색 코일로, 입자 내부에서
리보핵(ribonuclear) 단백질과
결합되어 있다. 헤마글루티닌이
파란색, 뉴라미니다아제가 초록색.

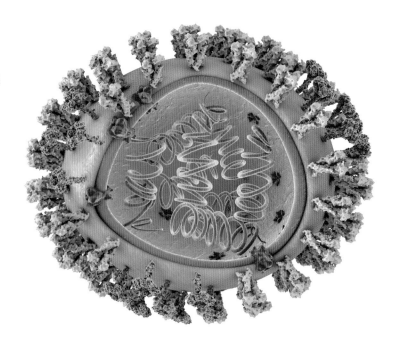

## 못과 노루발, 헤마글루티닌과 뉴라미니다아제

먼저 조류 독감 바이러스가 가지는 두 종류의 표면 단백질에 대해 이야기해보자. 바이러스는 숙주세포에 감염되어야만 생명 활동을 할 수 있는 존재이므로 일단 숙주세포 안으로 침투해야 하고, 숙주세포 안에서 충분한 증식에 성공하면 다시 숙주세포 밖으로 탈출이 가능해야 한다. 이때 숙주세포를 둘러싸고 있는 세포막은 바이러스에게는 일종의 장벽으로 작용한다. 세포막이라는 장벽을 통과할 수 있는 인플루엔자 바이러스만의 비장의 무기가 바로 두 종류의 돌기이다. 먼저 헤마글루티닌은 숙주세포를 인식하고 그 세포막에 바이러스가 단단히 달라붙게 하는 일종의 못과 같은 역할을 한다. 일단 이렇게 달라붙고 난 뒤에는 기다리기만 하면 된다. 원래 세포들은 이렇게 표면에 이물질이 달라붙어 떨어지지 않으면 세포막을 구형으로 접어 이물질을 감싼 뒤 내부로 끌어들여 산성 물질로 녹여서 없애버린다. 하지만 인플루엔자 바이러스의 경우, 세포가 분비하는 산성 물질에 의해 유전물질이 오히려 활성화되기 때문에 일단 숙주세포 안으로 들어온 인플루엔자 바이러스들은 마음껏 숙주세포의 자원을 이용해 스스로를 복제하기 시작한다. 숙주세포가 복제된 인플루엔자 바이러스들로 가득 차게 되면 이들은 이제는 쓸모없어진 숙주세포를 떠나 다른 숙주세포로 떠날 준비를 한다. 이때 아이러니하게도 숙주세포에 들어올 때는 유용했던 헤마글루티닌이 발목을 잡는다. 숙주세포 밖으로 나갈 때도 세포막을 통과해야 하는데, 이때 헤마글루티닌이 숙주세포의 세포막에 달라붙어 떠나는 것을 방해하기 때문이다. 이때 활약하는 것이 뉴라미니다아제이다. 뉴라미니다아제는 숙주세포의 세포막과 바이러스의 헤마글루티닌 사이의 결합을 끊어 바이러스가 자유롭게 다른 숙주세포를 찾아 떠날 수 있게 만든다. 헤마글루티닌이 못이라면, 뉴라미니다아제는 못을 뽑는 노루발인 셈이다.

흔히 독감 치료제의 대명사 격으로 알려진 타미플루(Tamiflu)와 리렌자(Relenza)가 바로 이 뉴라미니다아제 저해제이다. 즉, 이들 항바

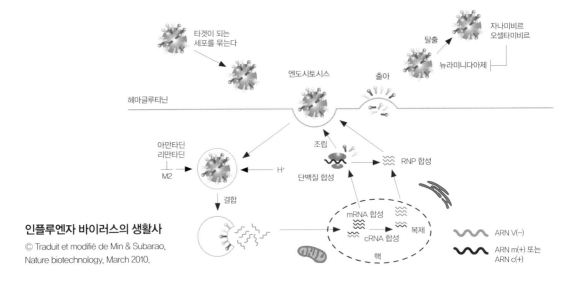

**인플루엔자 바이러스의 생활사**
© Traduit et modifié de Min & Subarao,
Nature biotechnology, March 2010.

이러스제는 인플루엔자 바이러스를 직접적으로 없애는 것이 아니라, 인플루엔자 바이러스들이 1차로 침입한 숙주세포에서 빠져나오지 못하게 막음으로써 바이러스의 확산을 막는 역할을 하는 것이다. 따라서 이들은 감염 초기, 그러니까 아직 바이러스가 유입된 숙주세포가 많지 않을 때 투여해야만 효과를 볼 수 있으며, 감염 이후 시일이 지나 상당한 양의 숙주세포가 감염된 이후에는 별다른 효과가 나타나지 않을 수도 있다. 언론에서 독감 증상이 나타난 지 48시간 내에 독감 치료제를 투여해야 효과가 있다고 말하는 것도 이 때문이다.

이처럼 헤마글루티닌과 뉴라미니다아제는 인플루엔자 바이러스가 숙주세포에 유입되어 탈출하는 데 중요한 역할을 하는 물질이다. 그런데 이 두 가지 당단백질은 각각 헤마글루티닌이 18종, 뉴라미니다아제가 11종이나 존재한다. 인플루엔자 바이러스는 각각 1종씩의 헤마글루티닌과 뉴라미니다아제를 가지므로, 이들 사이에 나타날 수 있는 조합은 18(H)×11(N)=198종이나 된다. 흔히 조류 독감이나 유행성 독감의 종류를 이야기할 때, H1N1이니 H5N1이니 하는 것은 바로 이 인플루엔자 바이러스가 어떤 종류의 헤마글루티닌과 뉴라미니다아제를 가지고 있는지를 의미하는 것이다. 참고로 1918년 무려 2천만~1억 명의 사망자를 냈던 스페인 독감과 지난 2009년 신종플루 사태의 원인은 H1N1이며, 1958년 유행해서 70만 명을 사망케 한 아시아 독감의 원인은 H2N2. 1969년에 100만 명의 목숨을 앗아갔던 홍콩 독감의 원인은 H3N2였다. 통상적인 조류 독감의 원인은 H5N1이지만, 2014년에 국내에서 유행해 약 1400여 만 마리의 가금류 살처분의 원인이 되었던 것은 H5N8였고, 2016년 우리나라에서 발생한 최악의 조류 독감의 원인은 H5N6이며, 최근 중국에서 발생한 신종 조류 독감은 H7N7가 원인으로 지목되고 있다. 이들 두 가지 당단백질의 조합에 따라 주로 감염되는 숙주세포의 종류와 독성이 달라질 뿐 아니라, 이들의 종류에 따라 대응하는 백신의 종류도 달라진다. 즉, H1N1 인플루엔자 바이러스를 예방하는 백신이 H5N1 인플루엔자 바이러스를 예방하는 데는 도움이 되지 않는다는 것이다. 게다가 같은 H1N1 바이러스라고 하더라도 해마다 조금씩 달라지는 변종들이 생기기 때문에 인플루엔자를 완벽하게 예방하는 백신을 만드는 것은 거의 불가능에 가깝다.

## 잘랐다 붙었다, 어디로 갔을까?: 돌연변이와 변종의 출현

바이러스 내부로 들어와 보자. 인플루엔자 바이러스는 유전물질로 RNA를 가지는 RNA 바이러스이며, 특이하게도 유전물질이 총 8개의 조각으로 나뉘어 각각 서로 다른 유전자들을 담고 있다. 이들은 RNA이므로 세포 안에 유입되면 핵 안으로 들어가 숙주세포의 mRNA에 달라붙어 복제되는데, 이때 바이러스의 RNA를 복제하는 효소는 오류를 교정하는 능력이 없다. 가뜩이나 RNA는 DNA에 비해 불안정하기 때문에 복제 시 오류가 발생할 확률이 높은데, 오류가 생겼을 때 교정도 되지 않으니 변이가 잦을 수밖에 없다. 게다가 유전물질을 복제한 뒤, 다시 8개의 조각으로 나뉘는 과정에서 동일한 숙주에 2개 이상의 서로 다른 바이러스가 동시에 감염된 경우, 유전물질이 나뉘는 과정에서 서로 다른 바이러스의 RNA 조각들이 같은 단백질 껍데기에 묶이거나 이들이 뒤섞여 변종이 나타날 가능성도 높다. 문제는 이렇게 만들어진 변종 바이러스의 경우, 매우 낯선 존재이기 때문에 숙주의 면역계가 이에 대한

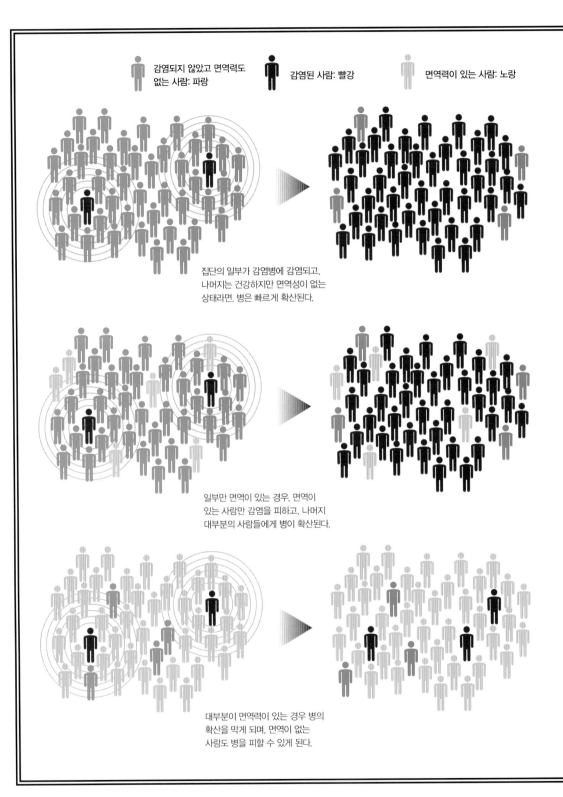

감염되지 않았고 면역력도 없는 사람: 파랑

감염된 사람: 빨강

면역력이 있는 사람: 노랑

집단의 일부가 감염병에 감염되고, 나머지는 건강하지만 면역성이 없는 상태라면, 병은 빠르게 확산된다.

일부만 면역이 있는 경우, 면역이 있는 사람만 감염을 피하고, 나머지 대부분의 사람들에게 병이 확산된다.

대부분이 면역력이 있는 경우 병의 확산을 막게 되며, 면역이 없는 사람도 병을 피할 수 있게 된다.

# 독감 백신 제조법

해마다 겨울이 다가오면 병원마다 '독감 백신 접종 권고문'이 붙곤 한다. 그런데 대부분의 백신들이 1~3회 정도 접종하면 상당히 오랫동안 예방 효과가 지속되는 데 반해 독감 백신은 해마다 맞아야만 해서 번거롭다. 게다가 백신을 맞으러 가면 3가 백신으로 맞을 건지, 4가 백신으로 맞을 건지도 선택해야 하고, 독감 백신을 접종했다고 해서 독감에 걸리지 않는 것도 아니다. 도대체 독감 백신은 왜 이토록 번거로우면서도 효과도 확실치 못한 것일까?

이는 독감의 원인이 되는 인플루엔자 바이러스의 변화무쌍한 특성 탓이다. 일단 사람에게서 독감을 일으키는 원인은 인플루엔자 A형과 인플루엔자 B형이 있다. 이 중에서 A형의 경우, 헤마글루티닌과 뉴라미니다아제의 종류에 따라 198종의 아종이 있고, 각각의 아종마다 적합한 백신이 따로 존재한다. 따라서 해마다 WHO에서는 봄이 시작되기 전, 세계 각국에서 인플루엔자 A형 바이러스를 수집해 분석한다. 수많은 샘플 중에서 가장 많이 발견되는 세 가지 종류의 바이러스의 아형을 파악해 전 세계의 독감 백신 제조회사들에게 정보를 알린다. 그러면 백신 제조회사들은 이 세 가지 바이러스를 달걀 유정란에 주입해 바이러스를 대규모로 복제한 뒤, 정제와 불활성화, 희석 과정을 거쳐 백신을 제조한다. 3가 독감 백신이란 WHO에서 올해 유행할 Top 3으로 꼽은 인플루엔자 A형 바이러스 3종에 대한 면역성을 갖게 하는 백신을 뜻하며, 여기에 B형 독감을 예방하는 성분까지 추가된 것이 4가 백신이다. 해마다 유행하는 바이러스들의 아형과 변종들이 조금씩 달라지기 때문에 독감 백신은 매해 맞아야 효과를 볼 수 있으며, 백신을 접종하더라도 다른 아형의 바이러스에 감염되면 독감에 걸릴 가능성이 있기 때문에 독감에 대한 완벽한 면역력을 형성하기가 어려운 것이다. 또한 그해의 예측이 틀릴 경우, 감염 가능성은 더욱 올라갈 수 있다.

그럼에도 독감 백신을 접종하는 것이 권장되는 이유는, 일단 백신을 맞는 것이 개인의 건강 유지에 도움을 주기 때문이다. 백신을 맞으면 그렇지 않은 경우에 비해 독감에 걸릴 확률이 확실히 줄어든다. 백신을 접종하면 독감에 걸릴 확률이 70~90%까지 줄어드는데, 별다른 처치 없이도 낫는 감기에 비해 독감은 고열, 두통, 근육통, 오한, 구토 등의 증상 자체도 심하게 나타날뿐더러(괜히 '독한 감기'라는 이름이 붙은 게 아니다) 종종 폐렴이나 뇌수막염 같은 치명적인 합병증을 일으켜 생명을 위협할 수도 있다. 계절성 독감의 사망률은 0.1% 정도로 낮은 편이지만, 전염성이 높아 집단 발병하는 경향이 있기 때문에 미국에서만 해도 해마다 3천 명~1만 4천 명 정도가 독감으로 인한 합병증으로 사망한다. 두 번째로 내 가족과 이웃을 위해서도 접종이 필요하다. 인체 밖으로 배출된 바이러스는 다른 숙주로 유입되지 못하면 죽게 되는데, 인구 집단의 상당수가 바이러스에 대한 면역력을 가지고 있다면 바이러스가 배출되어도 유행을 일으키지 못하고 사그라들고 만다. 이를 집단면역이라고 하는데, 집단면역이 생기면 특히나 아직 면역력이 미숙한 유아나 면역력이 떨어진 환자, 노인들이 질병의 대유행에서 보호받을 가능성이 높아진다.

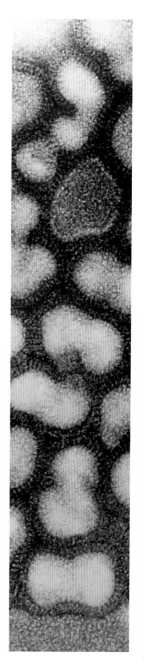

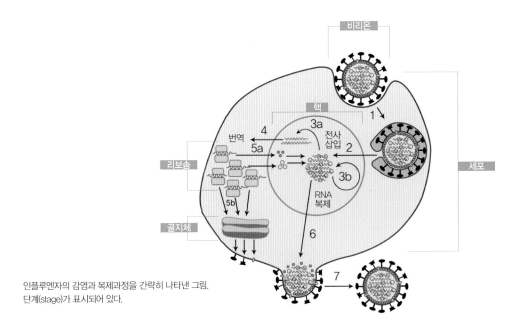

비리온

핵

번역

전사
삽입

리보솜

세포

RNA
복제

골지체

인플루엔자의 감염과 복제과정을 간략히 나타낸 그림.
단계(stage)가 표시되어 있다.

적절한 대응책을 찾아내기가 어려워 감염의 범위와 사망률이 동시에 치솟는다는 것이다.

　　실제로 지난 1918년 전 세계적으로 유행했던 스페인 독감의 원인이 되었던 H1N1 바이러스는 사람에게서 독감을 일으키는 H1 계통의 바이러스와 조류 독감 바이러스가 섞여서 만들어진 인간+조류 독감의 잡종 바이러스로 밝혀진 바 있다. 이를 연구했던 미국 애리조나대 마이클 워러비 교수팀은 일반적으로 독감의 주요 사망자는 노인과 유아인 데 반해, 스페인 독감의 주요 사망자는 가장 건강했던 20~40대의 젊은 층이라는 것에 주목했다. 연구팀은 당시 20~40대가 태어나 자랐던 1880년부터 1900년까지는 주로 H3N8 계통의 독감 바이러스가 유행했고 H1 계통의 바이러스가 거의 유행하지 않았기 때문에 이들이 어린 시절 H1 계통의 바이러스에 대한 면역력을 획득하지 못했고, 따라서 갑자기 발생한 변종 H1N1 바이러스에 대한 지나친 면역 반응의 부작용으로 나타나는 사이토카인 폭풍[1] 현상으로 급격하게 사망에 이르렀다고 주장한다. 특히나 지난 세기 동안 독감의 유행을 보면 수십 년을 주기로 대

---

1　사이토카인 폭풍(Cytokine storm): 인체가 외부에서 침투한 바이러스에 대항하기 위해 과도하게 면역력을 증강시켜 대규모 염증 반응을 일으키는 현상. 면역 물질의 일종인 사이토카인의 지나친 과다분비로 인해 오히려 대규모의 세포 괴사 반응이 일어나 사망에 이를 수 있다. 사이토카인 폭풍 현상은 주로 면역계가 가장 활발한 20~40대 사이에서 나타나고, 상대적으로 면역력이 약한 유아나 노인에게서는 발생률이 낮다.

규모 유행하는 현상이 나타나곤 했는데, 이 역시 인플루엔자 바이러스 유전물질의 혼합, 분절, 재분배 과정에서 나타난 우연한 비극이라는 설이 힘을 얻고 있다.

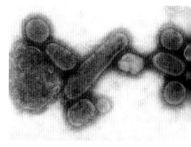

스페인 독감 당시 바이러스

## 조류 독감의 증상과 현황

일반적인 인플루엔자 바이러스의 특성에 대해 알아보았으니, 이제 사상 최악의 사태로 치달은 2016년 조류 독감 사태에 대해서 짚어보기로 하자.

앞서 말했듯 인플루엔자 A형 바이러스는 사람과 포유류, 조류에게 감염되어 질병을 일으킨다. 인류가 오래전부터 겨울철이면 독감에 시달린 것처럼, 새들이 조류 독감에 걸린 것도 최근의 일은 아닐 것이라 짐작된다. 실제로 조류 독감 바이러스는 야생의 조류들 사이에 흔하게 나타나는 바이러스이며, 증상에 따라 비병원성, 약병원성, 고병원성 등 3가지로 구분된다. 이 중 H5 계통의 바이러스는 조류, 특히나 닭이나 칠면조 등의 가금류에서 치명적이기 때문에 제1종가축전염병으로 지정되어 있어서 의심 증상 발견 즉시 당국에 신고하도록 되어 있다. 일단 닭이 조류 독감에 걸리게 되면, 처음에는 꾸벅꾸벅 졸면서 먹이를 잘 먹지 못하는 증상에서 시작되어 암탉의 경우 알을 낳지 못하게 된다. 그러다가 흰색 혹은 녹색 변의 설사, 볏과 다리가 파랗게 변하는 청색증, 눈 점막의 출혈, 근육 내부의 출혈 등이 나타나며 결국에는 폐사하게 된다. 닭과 칠면조의 경우, 고병원성 조류 독감에 걸리면 4~5일 내에 거의 100% 사망하고 전파 속도도 매우 빠르기 때문에, 확진되는 즉시 살처분하는 것을 원칙으로 한다. 그렇기에 축산 농가에서는 조류 독감이 한 번 발생하면 정성으로 길러왔던 닭들을 모두 살처분해 매장하는 끔찍한 비극을 겪어야 한다.

스페인 독감의 영향으로 시애틀에서 마스크를 쓰지 않은 사람은 아예 전차 탑승이 거부되었다.

그렇다면 이 조류 독감이 언제부터 우리나라에 유행하기 시작했을까. 외국에서는 이미 20세기 중반부터 간간이 조류 독감이 등장하곤

했으나, 우리나라의 경우 2000년대 들어 조류 독감이 맹위를 떨치기 시작했다. 2003년 12월 10일부터 2004년 3월 20일까지 102일간 전국 10개 시·군에서 조류 독감이 발생해 총 500만 마리의 가금류가 살처분된 것이 시작이었다. 이후 조류 독감은 주기적으로 유행하기 시작해 2006년 11월~2007년 3월에 280만 마리, 2008년 1000만 마리, 2014년 1400만 마리가 살처분되는 등 점점 상황이 악화되는 형국을 보였다. 그리고 2016년 드디어 사상 최악의 조류 독감 사태가 발생되었고, 이는 아직도 현재진행형이다. 시작은 늘 그렇듯이 미미했다. 2016년 10월 28일 천안시의 한 농장에서 조류 독감이 발생했을 때는 그저 예년보다 조금 일찍 유행이 된 거라고만 여겨졌다. 그러나 한 번 발생한 조류 독감은 들불처럼 번져나가 전국의 양계 농가를 강타했다. 2016년 12월 27일을 기준으로 조류 독감 발생 의심 신고만 100건이 넘었으며, 2730만 마리의 가금류가 살처분되었다. 물론 이제는 진정 국면에 접어들었지만, 당시 제대로 된 방역대책이 나오지 않아 이로 인한 경제적·사회적 피해액은 1조 원이 훨씬 넘을 것으로 추산된다.

## 또 다른 비극을 막기 위하여

이젠 조류 독감이 더 이상 '조류'만의 비극으로 끝나지 않을지도 모른다는 우려도 나오고 있다. 얼마 전에는 포천에서 고양이 두 마리가 조류 독감에 걸려 폐사했다는 소식이 전해지면서 조류 독감에 대한 공포가 더욱 커지고 있는 실정이다. H5N6가 고양이를 감염시킨 것은 이번이 처음은 아니다. 2014년 중국에서 H5N6가 유행하기 시작한 뒤 고양이를 감염시킨 적이 있었고, 2016년엔 고양이가 H7N2라는 다른 종류의 조류 독감 바이러스에 감염된 적도 있다.

더더욱 이번 조류 독감의 추이를 매의 눈으로 살펴봐야 하는 이유는 기존과는 달리 발견된 바이러스가 2종류이기 때문이다. 2016년 조류 독감의 원인 바이러스는 초기에는 H5N6로 판명되었으나, 2016년

# 시 · 도별 조류 독감(AI) 발생 현황
2016년 12월 27일 0시 기준

**조류 독감, 어떠한 경로를 통하여 전파되나?**
조류 독감은 주로 감염된 조류로 인해 오염된 먼지, 물, 분변 등에 묻어 있는 바이러스의 직접적인 접촉으로 전파되며, 공기를 통하여 전파되지 않는다.

**사람에게 감염되는 조류 독감을 예방하려면 어떻게 해야 하나?**
철새도래지, 가금류 농장 방문을 자제한다.
손을 자주 씻고, 손으로 눈, 코, 입을 만지는 것을 피한다.
호흡기 질환 증상이 있는 경우는 마스크를 쓰고, 기침, 재채기를 할 경우는 휴지로 입과 코를 가린다.

**닭, 오리 요리, 치킨을 먹어도 될까?**
75℃ 이상에서 가열해 만든 요리라면, 무엇이든 먹어도 된다. 만에 하나 조류 독감에 걸린 오리 또는 닭을 재료로 한 요리라고 할지라도, 70℃에서는 30분 이상, 75℃에서는 5분 동안 열처리를 하면 바이러스는 모두 죽게 된다.

**계란도 먹으면 안 되는 걸까?**
조류 독감에 걸린 닭은 알을 낳지 못한다. 혹시 독감에 걸리기 직전에 낳은 알이라고 해도, 알에는 바이러스가 들어갈 수 없다. 그렇지만 계란 껍질에 조류 독감 바이러스(24시간 정도 생존)가 있을 수도 있으므로 충분히 씻고, 익혀서 먹는 것이 안전하다.

11월 30일 철원
11월 20일 양주
11월 16일 음성
11월 23일 아산
11월 26일 세종
11월 21일 김제
12월 24일 양산
12월 15일 기장
11월 16일 해남

### 역대 조류 독감 발생 규모와 피해
© 농림축산식품부

| | 발생기간 (일) | 발생건수 (건) | 발생농가 (가구) | 도살처분 마릿수(마리) |
|---|---|---|---|---|
| 2003, 2004년 | 102 | 19 | 392 | 528만 5000 |
| 2006, 2007년 | 104 | 7 | 460 | 280만 |
| 2008년 | 42 | 33 | 1500 | 1020만 4000 |
| 2010, 2011년 | 139 | 53 | 286 | 647만 3000 |
| 2014, 2015년 | 669 | 38 | 809 | 1937만2000 |
| 2016년 11월 | 42 | 115 | 274 | 2730만 |

첫 발생지          확진 지역

12월 18일 경기도 안성에서 수거된 샘플에서 H5N8 바이러스가 발견되어 충격을 주었다. 우리나라에서 한 계절에 두 가지 종류의 조류 독감 바이러스가 유행한 건 이번이 처음이며, 특히나 H5N8 바이러스의 경우 매우 심한 고병원성 바이러스이기 때문이라는 것만이 문제가 되는 것이 아니다. 유전자가 분절되는 인플루엔자 바이러스의 특성상, 같은 개체에 두 가지 종류의 바이러스가 동시에 유입되는 경우, 치명적인 변종이 나타날 가능성이 높아지기 때문이다. 원래 바이러스들은 종 특이성이 있어서 숙주세포를 가려가며 침투한다. 인플루엔자 바이러스도 마찬가지여서 같은 인플루엔자 A형 바이러스에 속함에도 불구하고, 그 아형에 따라 인체독감 바이러스는 인간의 호흡기만을 감염시키고, 조류 독감 바이러스는 조류의 소화관을 통해서만 체내로 유입될 수 있다. 이는 숙주세포에 달라붙는 못 역할을 하는 헤마글루티닌의 특성 때문이다.

각 생물체를 이루는 세포들마다 자신이 어떤 생물체의 세포인지, 혹은 어떤 조직에 있는 세포인지를 나타내는 특정한 종류의 혹은 특정

한 구조로 결합된 당단백질이 존재하기 마련이다. 인플루엔자 바이러스는 시알산과 갈락토스라는 두 가지 물질이 결합된 세포를 인식해서 파고들어가는 습성이 있다. 그런데 사람의 경우에는 상기도 표면을 이루는 세포에 시알산과 갈락토스가 알파 2.6-결합을 이루어 존재하고, 조류의 경우에는 소화관 표면을 이루는 세포에 시알산과 갈락토스가 알파 2.3-결합을 이루어 존재한다. 그런데 사람에게 감염되는 종류의 인플루엔자 바이러스는 시알산과 갈락토스의 알파 2.6-결합만을 인식해 달라붙기 때문에 사람이 독감에 걸리면 기침, 가래, 인후염 등의 호흡기 증상이 주로 나타난다. 하지만 조류에 감염되는 종류의 인플루엔자 바이러스는 조류의 소화관 표면에 존재하는 시알산과 갈락토스의 알파 2.3-결합만을 인식해 달라붙어서 소화관 세포를 통해 주로 유입되므로, 조류 독감에 걸린 닭은 모이를 제대로 먹지 못하고 심한 설사를 하는 경우가 많다. 그래서 사람의 독감이 주로 비말 감염으로 전염되는 것과는 달리 조류 독감의 경우에는 병에 걸린 개체의 분변을 통해 주로 이루어지기에, 감염 확진도 분변을 검사하는 방법으로 이용된다. 당단백질의 종류가 아니라, 구조의 아주 미세한 차이가 사람과 조류에게서 인플루엔자 바이러스가 유입되는 경로와 증상을 모두 다르게 만드는 커다란 차이로 연결되는 것이다. 이는 다시 말해 인플루엔자 바이러스에 돌연변이가 생겨서 조류 독감 바이러스가 사람의 호흡기에 존재하는 시알산과 갈락토스의 알파 2.6-결합을 인식하게 된다면 조류 독감을 일으키는 바이러스가 인체에도 침투하게 될 수 있다는 뜻이다. 물론 이런 돌연변이는 대단히 드물게 일어나기는 하지만, 서로 다른 바이러스들이 섞이면 가능성이 높아지는 것만은 확실하다.

## 조류와 인간 모두 건강하게 공존하는 방법

바이러스의 까다로운 종 특이성 때문에 원칙적으로 조류 독감을 일으키는 바이러스는 사람에게 감염을 일으키지 못한다. 그러나 바이러

스의 또 다른 특징 중 하나인 빠른 변이는 변종의 출현 가능성을 높이므로 이 법칙을 무시하는 바이러스는 언제든 등장할 가능성이 있다.

최초의 불길한 사건은 1997년에 일어났다. 당시 홍콩에서 발생한 조류 독감의 원인이었던 H5N1 바이러스가 최초로 조류가 아닌 사람을 감염시키는 일이 일어났던 것이다. 당시 변종 조류 독감 바이러스 H5N1에 감염된 사람은 모두 18명이며, 이 중에서 6명이 사망해서 많은 이들을 긴장하게 만들었다. 하지만 천만다행하게도 이 변종 H5N1 바이러스는 병에 걸린 조류들의 분변과 직접 접촉했을 때만 전염되고, 사람들 사이에서 2차 전염은 되지 않았기에 사태는 일단 이것으로 일단락되었다. 하지만 여전히 불씨는 남아 있었다. 사람에게는 절대 전염되지 않는다고 여겨졌던 조류 독감 바이러스의 종 특이성 규칙이 한 번 깨진 이상 두 번이라고 깨지지 말란 법이 없기 때문이다. 이런 불길한 예감은 맞아떨어졌다. 이후 2003년부터 2007년까지 아시아와 아프리카 12개국에서 변종 조류 독감 바이러스 H5N1는 총 278명을 감염시켰고, 이 중에서 168명이 사망해 무려 60%의 사망률을 기록한 바 있다.

게다가 2013년부터는 중국을 중심으로 또 다른 변종 조류 독감 바이러스인 H7N9이 등장해 40명의 사람들이 목숨을 잃는 일이 벌어졌다. 이 변종 바이러스를 연구했던 중국의 Jianfang Zhou 박사를 비롯한 연구진이 2013년 7월 25일 'Nature'에 발표한 논문 "Biological features of novel avian influenza A(H79N) virus"에 따르면, 이 신종 조류 독감에 감염되어 사망한 사람에게서 얻은 바이러스의 유전물질을 조사했더니, 조류의 알파 2,3-시알릭산 결합을 인식하는 동시에 사람의 알파 2,6-시알릭산 결합도 인식할 수 있는 능력을 모두 갖추었다고 한다. 이는 H7N9 바이러스가 조류와 사람에 동시에 감염될 수 있는 형태로 변이를 일으켰음을 뜻하고 나아가 조류 독감이 사람에게 전이될 가능성이 더욱 높아졌다고 볼 수 있다. 여기서 더욱 무서운 것은 H7N9는 정작 조류에게서는 저병원성으로 분류됨에도 불구하고, 사람에게는 132명이 감염되어 39명이 사망하는 등 치사율 30%를 보이는 고병원성으로 나타났다는 것이다. 그나마 다행인 것은 H7N9가 과도 기적 형태라 사람의 호흡기 세포에 도달하기 전에 그 위를 뒤덮고 있는 뮤신 단백질에 붙잡혀 버려서 정작 세포를 감염시키는 비율은 매우 낮다는 것이다. H7N9가 인간 세포에 유입되는 능력을 얻었음에도 아직까지 H7N9 조류 독감에 걸린 사람이 수백 명 대에 머무르는 것은 이런 이유에서이다. 하지만 바이러스가 다시 변이를 일으켜 뮤신 단백질에 붙잡히지 않는 능력을 획득하는 순간, H7N9는 인류에게 또 다른 재앙의 씨앗이 될 가능성이 높다.

■ H5N1에 의해 가금류나 야생 조류가 죽은 곳

■ H5N1에 의해 사망한 사람이 있는 곳

## 바이러스로부터 우리를 구하기 위한 노력

현재 진행되는 상황을 보건대 앞날은 매우 불투명하다. 들불처럼 번지는 조류 독감은 겨울철의 건조한 날씨와 추위에 강한 인플루엔자 바이러스의 특성상 당분간은 잡기 어려워 보이고, 두 종류의 바이러스가 동시에 검출되면서 변종의 출현 가능성도 높아졌다. 사람에게 감염 가능한 변종 조류 독감 바이러스가 이미 등장했으며, 이들이 더욱 강한 독성을 획득할 가능성도 존재하기 때문이다. 현실적으로 모든 바이러스를 퇴치하거나, 바이러스의 변종이 나타나지 않도록 막는 것은 불가능하다. 그렇다고 해서 변종 바이러스가 인류를 다시 1918년의 끔찍한 악몽 속으로 몰아넣을 때까지 손 놓고 기다릴 수만은 없는 일이다.

물론 지금도 많은 과학자들은 이를 막기 위한 백신을 개발하고 있으며, 발병 후에 후유증 없이 회복하도록 돕는 치료제 개발에 매진하고 있다. 하지만 여기에 더해 이제는 사람과 가축, 숙주와 바이러스의 관계를 전체적으로 바라보는 거시적인 시각이 필요하다는 생각이 든다. 지난 세기, 사람들은 효율적인 축산업을 도모한다는 이유로 살아 있는 생명체인 닭들을 좁디좁은 우리 속에 한꺼번에 몰아넣고 대량으로 사육해

왔다. 이런 공장제 축산업은 육류의 가격을 낮춰 더 많은 사람들이 양질의 단백질원을 섭취할 수 있게 한 건 사실이지만, 그 과정에서 닭들의 면역력은 저하되었고, 감염성 전염병이 창궐할 수 있는 조건 또한 더욱 강화된 것도 사실이다. 이로 인해 야생의 새들은 거뜬히 견뎌내는 바이러스들을 공장제 축산 시설에서 사육되는 닭들은 견뎌내지 못하고 떼죽음을 당하는 일이 계속 반복되고 있다. 또한 백신을 생산할 수 있을 만한 기술력을 이미 가지고 있으면서도 닭들에게 백신을 맞히는 것이 살처분 후 재생산하는 것보다 수익성이 떨어진다는 이유로 기피하는 풍조도 보인다. 뿐만 아니라 발병 이후 빠르게 전염되는 조류 독감의 특성상 신속한 진단과 처치가 반드시 수반되어야 함에도 국가적인 컨트롤 타워의 부재와 행정상의 무능력으로 인해 사태가 확산되는 것을 막지 못했던 것도 사실이다.

적을 알려면 나를 알아야 하고, 전략을 세우려면 전력을 파악해야 하듯이 문제점을 파악하고 나면 대책을 세우기도 쉬워진다. 식생활에

변화를 주어 동물성 단백질 대신 식물성 단백질을 섭취하고, 좀 더 자연
친화적이고 동물 복지를 생각하는 축산업 시스템을 도입하며, 효율성보
다는 생명의 가치를 존중하고, 문제가 생겼을 때는 신속하고 정확하게
대처하는 시스템의 확립 등이 필요한 것이다. 그런 사회적 완충망이 받
쳐주어야 백신 개발이나 치료제 개발 같은 과학적인 성과들이 제 기능
을 톡톡히 할 수 있을 것이다.

*issue 02*

# 한반도 대지진

## 강태섭

서울대 지구환경과학부에서 지진파 전파 모델링에 대한 연구로 박사학위를 받았다. 한국지질자원연구원 지진연구센터 선임연구원을 거쳐, 현재는 부경대 지구환경과학과에서 지진학과 지구물리학 교수로 재직하고 있다. 지진 배경잡음을 이용한 한반도와 동아시아 지역 지진파 토모그래피, 미소지진 관측과 지진원 연동 규명, 지진재해도 평가, 강지진동 예측 연구에 깊은 관심을 가지고 있다.

## ▷▷▶한반도 대지진

# 환태평양 조산대 '불의 고리'
# 활성화, 한국은 안전할까?

### 지진, 남의 나라 이야기?

2016년 9월 12일 경상북도 경주에서 발생한 규모 5.8의 지진으로 온 나라가 들썩였다. 한반도에서 이런 지진이 발생할 수 있다는 것이 도무지 믿어지지 않는다는 반응이 대부분이었다. 사실 그 이전에도 경주 지진보다 규모는 작지만 지진이 발생하여 뉴스에 보도된 적이 여러 차례 있었다. 하지만 이번 경주 지진의 경우와 같이 우리 실생활에 큰 영향을 끼쳐 걱정스러운 수준에 이르렀던 적은 거의 없었다. 과거 우리나라 사람들에게 지진이 가져다주는 공포는 해외에서 발생한 강력한 지진으로 많은 인명피해가 발생했다는 것을 뉴스를 통하여 접한 간접 경험이 대부분이었다. 이번 경주 지진의 놀라운 점은 비록 피해가 다행히도 경미한 편에 그쳤지만, 외국에서나 있을 법한 지진의 진동으로 직접적인 피해가 발생했다는 것이다. 그런데 그 정도의 지진은 일본과 같은 이웃나라에서는 1~2주에 한 번꼴로 발생하는 드물지 않은 현상이다. 지리적으로 근접한 곳에 위치해 있는데도 왜 이런 차이가 발생하는 것일까?

지진으로 갈라진 포항의 영일교

## 지진은 지구가 살아 있다는 증거

지구는 약 6370km의 반지름을 갖는 구형이며, 그 내부는 물리적 성질과 화학적 성질에 따라 서로 다른 물질로 구성된 여러 개의 층으로 이루어져 있다. 지구 내부의 서로 다른 층을 크게 구별하면, 지표면으로부터 약 35km 내외의 깊이까지를 지각, 그 아래에서 약 2900km까지의 구간을 맨틀, 이로부터 지구 중심까지의 구간을 핵이라고 한다. 핵은 다시 약 5100km 깊이에서 외핵과 내핵으로 구별된다. 이렇게 지구 내부를 구성하는 물질들이 같은 깊이 구간에서는 거의 균질하게 층을 이루고 있으며, 이들 가운데 지구 표면에 가장 가까운 지각과 최상부 맨틀에 해당하는 구간을 암석권이라고 일컫는다. 암석권은 딱딱하여 힘을 받았을 때 깨질 수 있는 성질을 갖는 고체 상태로 지구 표면을 덮고 있다. 단단한 고체 상태의 암석은 금속이나 액체와 달리 열을 잘 전달하지 못하

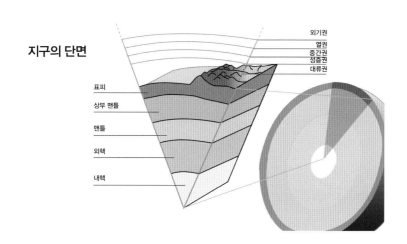

**지구의 단면**

외기권
열권
중간권
성층권
대류권

표피
상부 맨틀
맨틀
외핵
내핵

는 성질을 가지고 있다. 지구 내부는 깊이 들어갈수록 높은 온도와 압력이 작용하고 있으며, 약 46억 년 전부터 지구가 형성되는 과정에서 얻은 원시열을 지금까지 식어가는 과정에서 많이 해소하지 못했다. 넓은 지구 표면에서 암석권은 지구 내부로부터 전달되어 오는 열에너지를 지구 밖으로 제대로 전달하지 못하고 내부에 가두어 두는 역할을 하고 있다. 내부로부터 지구 표면을 향해 발산하는 열에너지의 이동은 지구 전체를 잠시도 쉬지 않고 변화하게 한다. 이 과정에서 지구 표면을 덮고 있는 암석권이 하나의 덩어리를 유지하지 못하고 여러 개의 조각처럼 나뉘게 되는데, 이러한 암석권의 조각을 암석권판(또는 단순히 '판')이라고 부른다. 판과 판은 서로 부딪히고 멀어지거나 서로 어긋나듯이 빗겨 지나가기도 한다. 이렇듯 커다란 암석 덩어리인 두 개의 판이 서로 상호작용을 할 때, 커다란 에너지를 발산할 수 있다.

지구가 내부의 에너지를 발산하는 과정은 마치 살아 있는 생명체와도 같다. 이런 지구의 몸부림은 때로 지구 표면에 상처를 남기기도 하는데, 그것이 바로 지진과 화산이다.

## 유난히 상처가 많은 특별한 곳: 불의 고리

지구상에서 지진과 화산의 상당 부분이 태평양을 둘러싼 '불의 고리'라고 불리는 지역에서 발생한다. 이 지역의 대부분은 판과 판이 서로 마주쳐서 하나의 판이 다른 판 아래로 밀려 내려가는 '섭입대'라고 불리는 곳과 나란히 있다. 판은 암석권을 구성하는 지각물질의 차이에 따라서 대륙판과 해양판으로 구분된다. 따라서 판과 판이 마주치는 경계는 3가지 유형으로 분류할 수 있는데, 대륙판과 대륙판이 만나는 경우, 대륙판과 해양판이 만나는 경우, 해양판과 해양판이 만나는 경우가 그것이다. 해양판은 지구 내부로부터 상승한 높은 밀도의 물질이 바다의 중앙해령이나 대륙의 열곡대에서 새로운 지각을 이루면서 만들어진다. 그래서 해양판을 이루는 해양지각은 육지의 대부분을 이루는 대륙판의 대

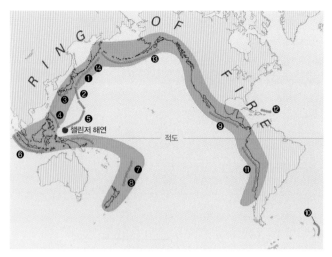

**불의 고리**

❶ 일본 해구
❷ 이주 보닌 해구
❸ 류큐 해구
❹ 필리핀 해구
❺ 마리아나 해구
❻ 자바 해구
❼ 통가 해구
❽ 케르마데크 해구
❾ 중앙아메리카 해구
❿ 사우스샌드위치 해구
⓫ 페루–칠레 해구
⓬ 푸에르토리코 해구
⓭ 알류산 해구
⓮ 쿠릴 해구

불의 고리(Ring of Fire)는 태평양 주변의, 지진과 화산 활동이 자주 일어나는 지역들을 가리키는 말이다. 태평양을 둘러싸고 있는 고리 모양이라서 이런 이름이 붙었다. 환태평양 화산대나 환태평양 지진대라고도 불린다.

륙지각보다 상대적으로 높은 밀도를 갖는다. 또한 해양판을 이루는 지각은 생성된 이후 차갑게 식어가면서 더 높은 밀도를 얻게 되는데, 오래된 해양지각일수록 더 무거워진다. 히말라야 산맥과 같이 높은 산맥을 형성하는 서로 비슷한 밀도의 대륙판과 대륙판이 만나는 경계와 달리 '불의 고리'에서는 대륙판과 해양판이 만나거나 해양판과 해양판이 만나는 경계가 모두 존재한다. 그래서 두 판이 마주쳐서 아래에 있게 되는 판은 항상 해양판이다.

해양판이 섭입하기 전까지 바다 밑바닥에서 물을 듬뿍 머금은 퇴적물들이 쌓여서, 해양판 최상부의 수백m 구간은 바닷물로 포화된 지층을 이룬다. 해양판이 더 뜨거운 맨틀 속으로 떠밀려서 가열되면 포함된 물과 다른 휘발성 물질들이 끓어서 위에 놓이게 된 판을 향하여 상승한다. 이 과정에서 위에 있는 판의 뜨거운 맨틀 물질에 아래로부터 상승하는 물과 같은 휘발성 물질이 더해지면 부분 용융이 일어나서 마그마가 생긴다. 이 마그마는 위에 있는 판을 뚫고 상승하여 지표면에서 분출한다. 만약 위에 있는 판이 대륙판이라면, 남미 대륙의 안데스 산맥과 같은 화산호가 만들어진다. 반면에 위에 있는 판이 해양판이라면, 태평양의 마리아나 또는 알류샨과 같은 호상열도가 만들어진다. 이러한 곳에서는 지구에서 가장 깊은 곳인 심해의 해구가 형성되고 수백km의 깊

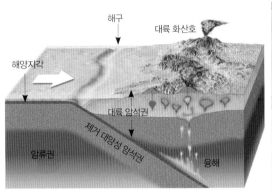

섭입대 © 2009 Tasa Graphic Arts, Inc.

주요 판의 위치도

이를 갖는 심발지진이 발생한다.

해구는 아래로 향하는 판이 섭입하면서 아래로 구부러지기 때문에 만들어지는 바닷속의 지형을 말한다. 이곳과 나란하게 발생하는 심발지진은 약 150km까지의 깊이에서 두 개의 판이 서로를 긁으면서 움직이기 때문에 발생하고, 다시 약 700km까지의 깊이에서는 아래로 향하는 판이 구부러짐에 따라서 발생한다. 이와 같은 심발지진이 발생하는 위치를 정확하게 결정하여 아래로 향하는 판의 위치를 추적할 수 있다. 이곳은 섭입하는 판과 나란하게 지진이 발생하는 영역을 처음으로 발견한 일본과 미국의 두 지진학자 이름을 기려서 와다티-베니오프 지진대라고 부른다. 이 지진대는 해양판이 섭입하는 과정과 입체적인 특징에 대하여 매우 중요한 정보를 제공한다.

## 이웃나라 일본에서는 왜 그렇게 큰 지진이 자주 일어날까?

2016년 11월 22일, 규모 7.3 지진이 일본 후쿠시마 해안에서 발생했다. 이 지진의 진원은 지난 2011년 대규모 지진해일(쓰나미)이 발생하여 수많은 인명피해를 일으킨 규모 9.0 동일본 대지진 발생과 동일한 단층에 위치할 것으로 추정된다. 과거 오랜 기간 동안 일본 역사는 지진과 함께 이어져왔다고 해도 과언이 아닐 정도로 일본은 지진이 일상적

지진으로 붕괴된 일본의
아소 신사

인 나라이다. 일본이라는 나라는 왜 이렇게 큰 지진으로 인한 위협에 자주 노출되는 것일까? 그 해답은 일본의 지리적 위치와 관련이 있다. 이 섬나라는 바로 '불의 고리'라고 하는, 태평양 주변을 따라 말굽 모양의 형태를 띠고 있는 가상의 영역에 위치하고 있다. 북쪽의 알래스카로부터 서태평양 주위를 따라 남쪽으로 내려와 일본과 필리핀을 넘어서서까지, 또한 중미와 남미의 서부 해안을 따라서 모두 해양판이 대륙판 또는 같은 해양판 아래에서 내려가는 섭입대가 형성되어 있다. 이 영역은 전 세계를 통틀어 크고 작은 수많은 지진과 화산 분출이 집중하여 일어나는 곳이다. 미국지질조사소에 따르면 이 영역에서 전 세계에서 발생하는 가장 큰 지진의 81%가 발생한다고 한다.

일본 열도 자체가 판과 판이 복잡하게 만나 서로 밀치면서 엄청난 지진과 화산 분출을 야기하는 영역 바로 위에 있다. 일본 후쿠시마 해역에서 발생한 2016년 11월 22일 지진의 진앙은 2011년 3월에 강타한 규모 9.0 동일본 대지진의 진앙으로부터 남서쪽으로

지진과 쓰나미로 수많은
인명피해가 발생한 일본 지진
진앙의 위치(후쿠시마 해안지역)

2011년 태평양 연안 지진에 의한
해일로 파괴된 이와테 현의
모습과 긴급 차량 행렬

## 최근 지진의 규모

USGS에 따르면, 일본의 가장 큰 섬인 혼슈 동부 해안에서 일어난
지진은 역대 5번째로 강력한 지진이다. 아래 사진은 다른 주요
지진들과 2011년 일본 지진을 비교한 것이다.

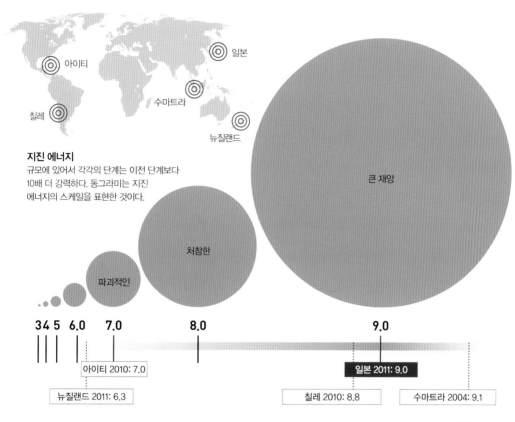

### 지진 에너지

규모에 있어서 각각의 단계는 이전 단계보다
10배 더 강력하다. 동그라미는 지진
에너지의 스케일을 표현한 것이다.

아이티 2010: 7.0

뉴질랜드 2011: 6.3

일본 2011: 9.0

칠레 2010: 8.8

수마트라 2004: 9.1

© USGS, 워싱턴포스트

약 130km 떨어진 곳에 위치한다. 지진학자들은 2016년 11월 지진이
2011년 3월 지진의 여진일 수 있다고 생각한다. 2011년 지진 당시 움직
인 단층의 범위가 길이로는 거의 1000km에 달하고 이번 2016년 11월
지진의 진앙을 포함하는 영역에 걸쳐 단층운동이 발생했기 때문이다.
2011년 동일본 대지진 이후 매우 오랫동안 크고 작은 지진, 즉 여진이
이어지고 있다. 이렇게 큰 지진은 일반적인 현상으로 수십에서 수백 년
에 이르는 오랜 시간에 걸쳐서 여진활동이 지속될 수 있다.

2011년 지진은 섭입대 내에서 수백 년 동안 억눌린 힘이 방출된
결과이다. 이 지진은 그 크기에 상응하는 거대한 지진해일을 일으켜서

# 역사상 가장 강력했던 10가지 지진

2011년 동일본 대지진이 매우 강력하고 수많은 인명피해를 일으켰지만, 그것이 역사상 세계 최고의 강력한 지진은 아니었다. 분명 2011년 지진은 일본 역사에서는 가장 큰 지진임에 틀림없다. 하지만 미국지질조사소의 자료에 따르면, 1900년까지 거슬러 올라갔을 때 지구 곳곳에서 규모 9.0 이상의 대규모 지진이 4개 이상 발생하였음을 알 수 있다. 이들 대부분이 불의 고리를 따라서 발생했다는 것은 주지의 사실이다. 전 세계에서 발생하는 수많은 지진 가운데, 기록에서 확인할 수 있는 가장 강력했던 10가지의 지진에 대하여 알아보도록 하자.

**① 1950년, 티베트 아삼 지역, 규모 8.6, 사망자 1500여 명**
인도판과 유라시아판이 서서히 충돌하여 거대한 히말라야 산맥을 만들어낸 지역에서 발생했다. 지반 균열과 대규모 산사태가 일어나고 흙이 솟구치는 등, 수많은 2차적인 자연재해가 속출했다.

**⑥ 1952년, 러시아 캄차카 반도, 규모 9.0**
세계에서 최초로 기록된 규모 9.0 지진. 캄차카 반도는 과거 여러 차례 큰 지진이 발생한 기록이 있으며, 활화산이 많은 곳으로도 유명하다.

**② 2005년, 인도네시아 북부 수마트라, 규모 8.6, 사망자 1000여 명**
2004년 12월, 큰 지진이 같은 지역을 강타한 지 불과 몇 개월 만에 다시 한 번 큰 충격을 안겨준 지진이다. 진원은 순다 해구에서 인도-호주판이 유라시아판 아래로 밀고 들어가는 인도양 하부의 단층운동과 관계가 있다.

**⑦ 2011년, 일본 혼슈 동부 해안, 규모 9.0, 사망자 약 2만 9000명**
일본 역사상 가장 큰 지진으로 규모 6.0 이상의 여진이 50회 이상이며, 7.0 이상 여진도 3차례 있었다. 이 지진은 태평양판과 북아메리카판 사이의 경계를 따라 발달하고 있는 일본 해구 근처에서 역단층 운동으로 발생하였다.

**⑧ 2004년, 인도네시아 북부 수마트라 서쪽 해변, 규모 9.1, 사망자 22만 7898명**
세계에서 세 번째로 큰 지진으로, 인도판과 버마판의 경계를 따라 발생하였으며, 인도판이 버마판 아래로 향하면서 쌓이게 된 힘이 방출된 것이다.

**❸ 1965년, 알래스카 래츠 아일랜드, 규모 8.7, 재산 피해 약 만 달러**
큰 규모에도 불구하고, 지진이 알류샨
열도 끝자락에서 발생하여 알래스카까지
먼 거리에 있었기 때문에 피해는
그렇게 크지 않았다. 알래스카-알류샨
거대역단층대에서 북아메리카판 아래로
태평양판이 밀려들어간 결과 발생했다.

**❾ 1964년, 알래스카 프린스 윌리엄 사운드, 규모 9.2, 사망자 128명**
북아메리카판과 태평양판 사이에 있는 지진학적
활성단층을 따라 발생한 지진으로, 당시 수도,
가스, 하수, 전화, 전기 등 거의 모든 생활시설이
지역 전체에 걸쳐 마비되었다.

**❹ 1906년 에콰도르 해역, 규모 8.8, 사망자 1500여 명**
나스카판과 남아메리카판 사이의 경계에서 발생한 강력한 지진해일로,
중미 해안을 따라 퍼져나가, 멀리 미국 샌프란시스코와 일본에 이르렀다.

**❿ 1960년, 칠레, 규모 9.5, 사망자 약 1655명**
인간이 관측한 지진 중 역대 최강의 지진으로 불린다.
이 지진은 페루-칠레 해구를 따라 나스카판이
남아메리카판 아래로 섭입함에 따라 발생한
단층운동으로 일어났다.

**❺ 2010년, 칠레 마울레 해역, 규모 8.8, 사망자 700여 명**
총 경제 손실액이 30조 원에 이르는
지진으로, 나스카판과 남아메리카판
사이의 경계를 따라 발생하였다.

인근 해안에 위치한 후쿠시마 다이치 원자력발전소를 범람하여 결과적으로 원자로의 노심이 용융되게 하는 참사를 초래하였다. 2016년 11월 지진이 2011년 3월 지진만큼 강력하지는 않았어도, 여전히 이 지역은 대규모 지진의 위협에 노출되어 있다. 2011년 동일본 대지진은 우리가 역사적으로 기록했던 가장 큰 지진 가운데 하나였다. 하지만 사실 이 지역은 전체 섭입대의 지진재해도가 지극히 높은 곳이라서 이와 같은 큰 지진이 다른 지역보다 훨씬 자주 일어나는 것일 뿐이다.

2016년 4월에도 일본 남부 구마모토 지역에서 규모 7.0의 지진이 발생했는데, 이 지진에 앞선 이틀 전에 이미 규모 6.2의 지진이 같은 지역을 강타한 바 있다. 이처럼 일본은 판과 판의 경계에서 판의 섭입과 관계된 대규모 지진 발생이 지구상의 다른 어떤 지역보다도 빈번하게 일어난다.

## 우리나라도 예외가 아닌 지진피해: 경주 지진

'불의 고리'를 따라 발생하는 지진을 판 경계부 지진이라고 부른다. 이에 반하여 판과 판의 경계에서 멀리 떨어진 판의 내부에서 발생하는 지진을 판 내부 지진이라고 부른다. 우리나라가 일본과 인접하고 있지만 판 경계부는 상대적으로 좁은 영역이기 때문에, 유라시아판 내부에 자리하고 있는 우리나라는 판 경계부로부터 수백km 이상 멀리 떨어져 있는 판 내부 지진 환경에 속한다.

판 내부 지진은 판 경계부에서 발생하는 지진에 비하여 발생 빈도가 현저하게 낮다. 그럼에도 불구하고 매우 큰 판 내부 지진이 드물게 발생하여 엄청나게 큰 피해를 일으킨다. 심각한 피해가 발생하는 가장 큰 이유는 주로 이러한 지역이 판 경계부 지역과 달리 지진 발생이 드물어서 지진에 익숙하지 않기 때문이다. 그리고 이러한 지역에 지어진 건물들은 지진에 견딜 수 있는 내진설계가 제대로 되어 있지 않은 경우가 많다. 대표적인 판 내부 지진으로 2001년 인도 구자랏 지진, 2012년 인도양 지진, 1811~1812년 미국 뉴마드리드 지진, 1886년 미국 찰스턴 지진이 있다. 이들 지진은 같은 규모의 판 경계부 지진에 비하여 진동이 전달되는 면적이 현저하게 넓어서 보다 많은 지역에 영향을 미친다. 지진이 빈번하여 암석의 파쇄가 상대적으로 심한 판 경계부 지역에 비하여, 판 내부 지역의 암석은 단층운동과 같은 파괴의 기회가 적어서 비교적 신선한 상태를 유지하기 때문에 지진동을 잘 전달할 수 있다. 또한 주로 해역에서 발생하는 판 경계부 지진의 경우, 사람이 거주하는 내륙의 지진동 영향 범위가 좁다. 이에 비하여 주로 내륙에서 발생하는 판 내부 지진으로 인한 지진동은 영향을 받을 수 있는 거주 범위가 훨씬 넓다. 따라서 발생 자체는 드물지만, 같은 규모의 지진이 발생했을 때 예상할 수 있는 피해의 정도와 범위는 판 경계부 지진보다 판 내부 지진의 경우가 훨씬 커질 수 있다.

2016년 9월 12일 20시 32분 54초에 규모 5.8 지진이 한반도 남동부에 위치한 경주 지역에서 발생했다. 이 지진에 앞서서 같은 지역에서 19시 44분 32초에 규모 5.1의 지진이 있었으며, 9월 말까지 규모 3.0 이상의 17개 여진이 이어졌다. 이 가운데 가장 큰 여진은 규모 4.5로 규모 5.8 지진으로부터 약 1분 후인 20시 33분 58초에 발생했다. 기상청은 규모 5.1과 5.8 지진의 진앙이 경주시 남남서쪽 9km에 위치한다고 발표했다. 규모 5.8 지진은 기상청이 1978년 본격적인 지진 관측을 시작한 이후로 가장 큰 지진이며, 가장 넓은 지역에서 감지되었다. 이들 지진에 대한 파형역산 연구를 통하여 주향이동단층 운동 성분이 우세한 것으로 분석되었다. 이번 경주 지진의 진앙 주변에 발달하고 있는 양산단층대의 재활동 잠재성을 포함한 지진활동성에 대한 논쟁은 오랫동안 지속되어 왔다. 이 단층대에서 발생한 것으로 추정되는 지진활동이 역사기록에 여러 차례 기술되어 있음에도 불구하고, 기상청이 본격적으로 지진관측을 시작한 1978년 이후부터 지금까지의 계기지진 시기에는 매우 낮은 지진활동을 보였다. 2016년 9월 12일 이후 경주 지역의 지진활동은 이러한 논쟁을 어느 정도 해소할 수 있는 계기를 마련하였다.

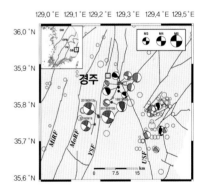

2016년 경주 지진 주변의 광역 조구조 환경과 2000~2016년 지진활동(YSF: 양산단층; MoRF: 모량단층; MiRF: 밀양단층; USF: 울산단층)

## 여진활동 관측으로 큰 규모 지진의 특징 알아내

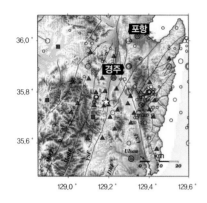

임시 지진관측망 분포(빨강 삼각형)와 기상청(파랑 사각형) 및 한국지질자원연구원(파랑 삼각형) 지진관측소. 별표는 2016년 규모 5.8 지진의 진앙이며, 원은 1978년 이후 주변 지역 진앙 분포다. (USF: 울산단층; DRF: 동래단층; YSF: 양산단층; MoRF: 모량단층; MiRF: 밀양단층)

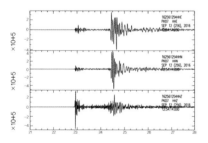

임시 지진관측망에 기록된 3성분 지진 기록 (내남초등학교 지진관측소; 2016년 9월 12일 21시 54분 34초, 규모 2.2 지진)

경주 지진의 연쇄적인 지진 발생 중 가장 앞선 규모 5.1의 지진이 발생한 직후, 부경대학교 지구물리연구실에서는 여진 관측을 위한 연구진을 부산으로부터 경주 진앙지역에 급파하였다. 이러한 대응으로 규모 5.8 지진 발생 약 한 시간 후에 진앙 지역에서 여진을 관측하기 위한 첫 번째 임시 지진관측소가 설치되어, 초당 200번의 샘플링 간격으로 지진 자료를 연속적으로 기록하기 시작하였다. 이후 같은 날 자정까지 진앙 지역에 3개의 지진계가 추가로 설치되었다. 이후 3일 동안, 부산대학교와 서울대학교 및 극지연구소가 협력하여 모두 27개의 임시 지진관측소를 경주 지진의 진앙 주변에 설치하였다.

2016년 9월 23일과 24일에 걸쳐 임시 지진관측망의 일상적인 유지관리 방문을 통하여 최초 10일 동안의 연속 지진 기록을 수집하였다. 또한 기상청은 9월 12일부터 21일까지 10일 동안 발생한 413개 지진의 진원, 진원시 및 규모를 포함하는 진원요소를 제공하였다. 지진기록 분석에 숙련된 연구진들이 여진관측망으로부터 획득한 간략한 연속 지진 기록을 검토하였다. 이로부터 기상청이 이미 발표한 지진을 포함하여 모두 813개의 지진을 확인할 수 있었다. 이들 지진은 모두 뚜렷한 P파와 S파 도착 신호를 보였으며, 지진 위치 결정 프로그램과 이 지역에 대하여 개발된 속도구조 모델을 이용하여 신뢰할 만한 진원 결정을 수행할 수 있었다. 이들 지진의 진앙 분포는 대부분 진앙 지역에서 거의 남북 방향으로 서로 평행하게 발달하고 있는 두 개의 지질도 기재 단층 사이에 한정되어 있다. 두 단층은 단층 심부에서 서로 연결되어 있을 것으로 추정되는 양산단층대의 일부이다.

여진관측망의 일차적인 목표는 기상청이나 한국지질자원연구원 등이 운영하고 있는 상시 지진관측망이 수행하는 것보다 훨씬 더 높은 정밀도로 지진의 진원요소를 결정하는 것이다. 이는 광역이나 세계 지진관측망의 목적과도 크게 다르지 않다. 여진 자료는 큰 지진 이후에 응력의 교란으로 인한 2차적인 지진활동을 관측한 결과로, 지진원 연구, 지역 또는 광역이나 지구 규모의 지구 내부구조 연구, 여진 과정 동안 관측된 지진과 단층 사이의 관계, 진원 지역 주변에 존재하는 단층들 사이의 상호작용 등을 포함한 다양한 문제들을 연구하는 데 활용될 수 있다. 규모 5.8 경주 지진에 대한 지진학적 대응으로 여진 활동을 감시하기 위하여 고밀도 임시 지진관측망을 운영하였다. 최초 지진관측소는 규모 5.8 지진 이후 약 1시간 내에 진앙 지역에 설치되었다. 그리고 5시간 내에 4개의 지진관측소가 설치되었다. 9월 12일 이후 3일 이내에 임시 지진관측소의 숫자는 모두 27개로 증가하였다. 803개 지진에 대한 초기 분석 결과는 양산단층대가 이들 여진활동과 밀접하게 연관되어 있다는 것을 보여준다.

경주 지진이 발생하는 동안 가장 빈번하게 들려오는 질문들은 다음과 같다. 진원 지역에 활성단층이 존재하는가? 어느 단층이 본진과 여진 활동 과정에 관계되는가? 양산단층은 활성인가? 곧 닥칠 지진활동에 대한 정보를 제시하는 것이 가능한가? 여진은 얼마나 오랫동안 지속될 것인가? 다양한 분야의 관계자들이 이러한 질문에 답변하기란 쉽지 않으며, 지진 발생과 관련하여 훨씬 진일보한 의사결정은 체계적으로 계획된 지진관측을 통해서만이 가능하다. 이는 앞으로 우리에게 남겨진 과제로, 고밀도 지진관측망으로부터 실시간으로 자료를 얻고 이를 활용할 수 있다면, 계속적인 연구를 통해 이러한 의문들에 대해 보다 확신을 가지고 답변할 수 있는 날이 올 것이다.

# 핵탄두

## 홍희범

홍익대 영문과를 졸업하고 1994년 월간 《플래툰》 편집/집필진으로 활동하다 2000년부터 월간 《플래툰》 편집장 겸 발행인으로 있다. 국군방송 및 각종 매체의 군사 관련 자문 및 글을 기고하고 있으며 허핑턴포스트의 군사관련 기사를 집필하고 있다. 주요 번역서로 『스나이퍼 라이플(2016)』, 『미육군 소총사격교범(2016)』, 『세계의 특수부대(2015)』, 『무기와 폭약(2008)』(월간 《플래툰》 별책), 『제2차 세계대전사(2016)』(밀리터리 프레임 발행) 등이 있으며, 저서로는 『세계의 군용총기백과 3, 4권(2007, 2012)』, 『세계의 항공모함(2009)』, 『밀리터리 실패열전 1, 2(2011)』, 『알기 쉬운 전차이야기(2013)』가 있다.

RUSSIA

Nakhod

Vladivostok

Slavyanka

Rajin

NO

KA

2013

# 과연 북한의 핵탄두 소형화가 가능할까?

　북한의 핵무기 문제가 많은 이들의 우려를 자아내고 있다. 2016년 9월 9일에는 북한이 5차 핵실험에 성공했고, 이때 실험한 핵폭탄의 위력이 약 10kt(킬로톤) 정도로 알려지면서 북한이 사실상 핵무기 개발에 성공한 것은 물론이고 핵탄두 소형화까지 실현한 것 아니냐는 우려마저 자아내고 있다. 적어도 핵실험을 통해 북한이 10~15kt 정도의 핵무기를 완성하는 수준에 도달한 것은 확실하고, 이제 남은 것은 위력도 위력이지만 북한이 안정적으로 핵무기를 생산할 수 있는지, 그리고 무엇보다도 앞서 언급한 대로 핵탄두를 소형화하는 기술까지 손에 넣었는지 아닌지의 여부라 할 수 있겠다. 그렇다면 이런 우려는 도대체 왜 나오는 것인지, 그리고 말은 많지만 도대체 무슨 뜻인지 알 듯 말 듯한 핵무기에 관한 이런저런 이야기들을 한 번 간단하게나마 풀어보자.

## 핵무기의 종류: '원폭'과 '수폭'의 차이

먼저 우리가 흔히 '핵무기' 내지는 '핵폭탄'이라고 부르는 것에도 크게 두 종류가 있다는 사실은 대부분의 사람들도 잘 알고 있을 것이다. 바로 원자폭탄(Atomic Bomb: A-Bomb), 그리고 수소폭탄(Hydrogen Bomb: H-Bomb)이다. 줄여서 각각 '원폭', 그리고 '수폭'이라고 불리는 이 두 종류의 핵무기는 과연 어떻게 다를까. 핵무기들 중 가장 먼저 개발되고, 유일하게 실제로 전쟁에서 사용된 것이 바로 원자폭탄(원폭)이다. 1945년 8월 6일과 8월 9일, 각각 일본의 히로시마와 나가사키에 미국이 투하한 것이 원자폭탄이기 때문이다. 원자폭탄은 핵분열(Nuclear fission) 폭탄이라고도 한다. 말 그대로, 원자핵이 분열하면서 생기는 에너지를 이용하는 폭탄이다. 그리고 이를 위해 핵물질에 매우 강한 충격을 주게 된다. 이때 충격을 어떻게 주느냐에 따라 원자폭탄은 크게 두 가지로 나뉜다. 먼저 포신형(Gun Barrel Type)이 있다. 이것은 원통 안에 거리를 두고 두 개의 핵물질을 넣은 것이다. 기폭장치가 작동하면 한쪽의 핵물질 뒤에서 강력한 보통 폭약이 폭발하며, 이 힘으로 핵물질이 빠른 속도로 반대쪽 핵물질을 향해 날아가 충돌한다. 이렇게 두

1945년 9월 미국의 원자폭탄 투하로 황폐화된 나가사키 지역

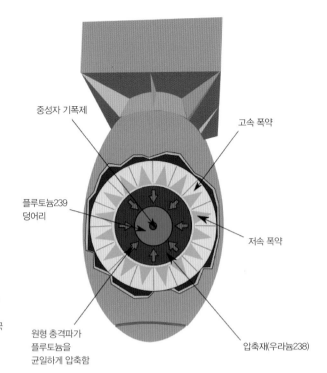

중성자 기폭제

고속 폭약

플루토늄239
덩어리

저속 폭약

**내폭형 원자폭탄의 구조**
고속 폭약과 저속 폭약이 아주 정밀한 순서에
따라 폭발하면 압축재가 플루토늄 덩어리와
중성자 기폭제를 맹렬하게 압박해 임계질량에
도달하게 만들면서 핵분열이 발생한다. 이
방식이 위력도 세고 효율적이지만 기폭장치를
만드는 기술이 쉽지 않다. 처음 개발한 미국
과학자들도 이 방식의 성공에 반신반의해, 결국
실제 핵실험까지 해서 확인해야 했다.

원형 충격파가
플루토늄을
균일하게 압축함

압축재(우라늄238)

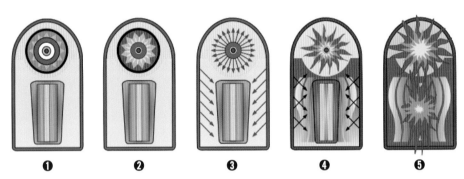

**❶**       **❷**       **❸**       **❹**       **❺**

**수소폭탄의 원리**
❶ 아직 폭발하기 전의 수소폭탄. 위에 있는 둥근 것이 기폭장치로 쓰이는 원자폭탄, 아래에 있는 것이 실제 핵융합을 일으키는
융합물질(리튬6 원통을 우라늄238로 감싼 것)이다.
❷ 원자폭탄이 폭발한다.
❸ 원자폭탄이 폭발하면서 수백만 도에 달하는 열뿐 아니라 감마선과 X선이 엄청난 양으로 분출되고, 이 열과 감마선/X선 등은
폭탄을 감싸는 외피에 반사되어 아래의 융합물질 덩어리를 온통 둘러싸게 된다.
❹ 원자폭탄에서 발생한 열과 감마선, X선의 영향으로 리튬6을 감싼 우라늄238층과 리튬6 가운데에 있는 우라늄 238심이 핵분열을
일으키기 시작한다.
❺ 리튬6의 핵융합 과정이 본격적으로 시작되면서 막대한 고열이 발생하고 폭발이 일어나게 된다.

핵물질이 강하게 충돌하면서 핵분열이 일어나는 것을 이용하는데, 이
방식에 사용되는 핵물질이 우라늄235다. 핵무기를 만들기에 가장 간단
한 방법이지만, 많은 양의 핵물질이 필요한 데다 매우 비효율적이라 기
술이 발달한 핵보유국들은 잘 만들지 않는다.

그보다 발달한 원자폭탄이 바로 내폭형(Implossion Type)이다. 내폭형은 핵물질(여기서는 플루토늄239)을 강력한 폭약으로 둘러싸 물질 방향(즉 안쪽)을 향해 폭발시킴으로써 핵분열을 얻는다. 문제는 이때 핵물질을 둘러싼 폭약이 아주 정확한 타이밍에, 정확한 방향으로 폭발력을 집중시켜야 하기 때문에 기폭장치를 만드는 기술이 상당히 정교해야 한다는 것이다. 하지만 일단 완성하면 훨씬 효율적인 폭탄을 만들 수 있다. 쉽게 말해 더 적은 물질로 더 강한 위력을 얻을 수 있는 것이다. 이 때문에 대부분의 원자폭탄은 현재 내폭형이며, 세계에서 두 번째로 실전에 사용된 '팻 맨', 즉 나가사키에 투하된 원폭도 내폭형이다. (재미있는 것은, 포신형 원자폭탄은 처음 만들어질 때 미국 기술자들이 얼마나 확신을 가졌는지 핵실험조차 하지 않았다. 1945년 7월에 세계 최초로 이뤄진 핵실험은 내폭형 원폭으로 이뤄졌다.) 원자폭탄보다 훨씬 강력한 핵무기로 개발된 것이 바로 수소폭탄이다. 수소폭탄은 '핵융합(Nuclear Fusion) 폭탄', '열핵무기(Thermo-nuclear weapon)'로도 불린다. 이것은 말 그대로 두 개의 원자핵이 하나로 모이면서, 즉 융합하면서 생기는 막대한 에너지를 활용한 것이다. 중수소와 삼중수소를 섞은 혼합물에 아주 강력한 압력을 가하면 이 둘의 원자핵이 하나로 융합되면서 원자폭탄보다 훨씬 강력한 폭발력을 발생시키는데, 물론 그 '강력한 압력'이 일반적인 폭약으로는 절대 불가능한 수준임은 말할 필요도 없다. 이 정도의 엄청난 압력을 얻기 위해, 수소폭탄은 기폭장치로 원자폭탄을 사용한다. 원자폭탄이 터지면서 생기는 압력으로 두 종류의 수소 원자를 합치는 핵융합을 발생시키는 것이다.

나가사키에 투하된 팻 맨.
대표적인 내폭형 원자폭탄이다.

## 핵무기의 위력, 그리고 킬로톤(kt)

그렇다면 핵무기의 위력은 어느 정도일까. 먼저 실제로 사용된 유일한 원자폭탄 두 발, 즉 히로시마와 나가사키에 투하된 원자폭탄의 사례를 보자. 이 두 발의 원자폭탄은 각각 히로시마에서 최소한 8만 명,

1952년에 실험한 미국의 첫
수소폭탄 아이비 마이크

많게 잡으면 17만 명에 가까운 희생자를 낳았고 나가사키에서도 적게
잡아도 3만 9000명, 많게 잡으면 거의 8만 명에 달하는 희생자를 낳았
다. 사실 희생자의 숫자 자체로만 보면 히로시마와 나가사키의 원자폭
탄이 낳은 피해는 당시 기준으로 그렇게 엄청난 수준은 아니었다. 1945
년 3월 9~10일 사이의 밤에 미국이 도쿄에 감행한 대공습 당시 발생한
희생자의 숫자는 적게 잡아도 약 10만 명, 많게 잡으면 20만 명으로 추
산된다. 물론 이때 사용한 것은 원자폭탄이 아니라 일반 소이탄(폭발을
일으키기보다는 화재를 일으키는 것이 주목적인 폭탄)이었다. 어떻게
계산하느냐에 따라 달라지기는 해도, 원자폭탄을 쓰지 않아도 엄청난
피해를 일으키는 것 자체는 가능했고, 실제로 이 때문에 일본 군부는 8
월 6일의 히로시마 원폭 투하 직후에만 해도 이것이 그저 또 다른 대규
모 공습 정도라고 생각하고 크게 놀라지 않았다고 한다.

　　사실 원자폭탄이 중요한 것은 그 위력이 단 한 발로 달성됐다는 것
이다. 도쿄 대공습을 위해 동원된 B-29폭격기는 약 280대에 달했고 이

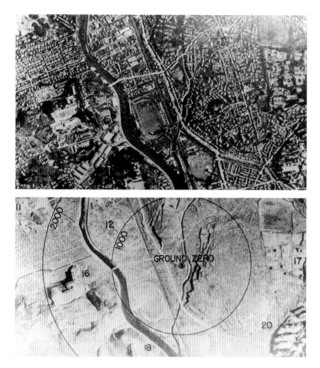

1945년 8월 9일 핵무기 투하 전·후의 나가사키

들이 떨어트린 폭탄의 양은 1665t(톤)에 달했다. 그런데 겨우 4.4t에 불과한 단 한 발의 폭탄에 수백 대의 폭격기에 해당하는 위력이 다 실려 있던 것이다. 게다가 당시 히로시마에서 폭발한 원폭은 제 위력을 충분히 발휘한 것도 아니었다. 앞에서 언급한 것처럼, 리틀 보이가 사용한 '포신형' 기폭방식은 매우 비효율적이다. 나중의 계산에 의하면 탑재된 핵물질(우라늄235) 중 실제로 핵분열을 일으킨 것은 1.7%에 불과했다고 한다. 그런데 히로시마에서 이 1.7%에 불과한 핵물질(나머지는 폭발을 일으키지 않고 그냥 흩어졌다)이 일으킨 폭발의 위력은 엄청난 희생자를 낳았고 히로시마라는 도시를 사실상 궤멸시켰다. 그 위력은 보통 약 16kt 정도로 추산된다. 그렇다면 핵무기의 위력을 표시할 때 흔히 쓰는 kt이라는 단위는 무엇을 뜻할까. kt은 1000t이라는 뜻이다. 그리고 1kt은 보통 1000톤의 재래식 폭약, 특히 TNT를 뜻한다. 쉽게 말해 보통 폭약 1000t이 폭발하는 위력이 1kt이니, 16kt이면 1만 6000t의 폭약이 터지는 것과 같은 위력이다. 단순한 계산만으로 따지면 히로시마에 투

제2차 세계대전 때 쓰인 독일제 소이탄

하된 원자폭탄의 위력이 도쿄에 280대의 폭격기가 투하한 폭탄보다 10배나 많은 폭약과 맞먹는 셈이다. 다만 이는 위력 자체가 10배나 늘어났다는 것과는 또 다른 문제다. 보통 폭약의 양이 10배 늘어나면 위력은 2배 늘어난다고 한다. 즉 히로시마에 투하된 원자폭탄의 위력은 도쿄 대공습 당시 투하된 폭약을 다 합친 것보다 약 두 배 높은 셈이다. 그리고 원자폭탄의 위력은 kt으로 계산하지만, 수소폭탄부터는 kt으로 계산할 수준을 넘는 어마어마한 폭발력이 발휘된다. 이 때문에 등장하는 단위가 바로 mt(메가톤)이다. mt은 100만t의 TNT 폭약과 맞먹는 위력을 발휘한다는 뜻이다. kt도 엄청난데, mt까지 나올 정도면 수소폭탄의 위력이 도대체 어느 정도인지 쉽게 짐작하기 어렵다. 불행 중 다행히도 아직까지 수소폭탄은 실제로 전쟁에 사용된 적이 없어 그 피해가 얼마나 나올지 정확한 수치를 제시할 수는 없다.

참고로 핵무기의 위력도 어디에서 어떻게 터지는지에 따라 달라진다. 중요한 차이 중 하나가 폭발하는 높이다. 어느 정도의 높이에서 폭발하는 편이 지면에서 폭발하는 것보다 더 큰 피해를 입히기 때문이다. 실제로 히로시마와 나가사키를 비교할 경우 폭탄의 위력 자체는 나가사키에서 사용된 '팻 맨(뚱보)'이 약 21kt으로, 히로시마에서 사용된 '리틀 보이'의 16kt보다 높지만 앞에서 언급한 희생자의 숫자를 봐도 알 수 있듯 막상 목표에 입힌 피해는 더 적다. 나가사키에서는 원폭이 사실상 지면에서 폭발한 반면 히로시마에서는 약 580m의 고도에서 폭발하

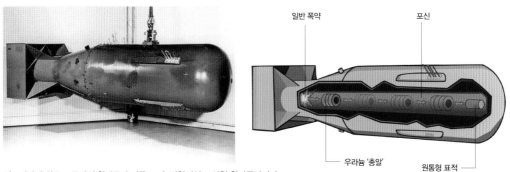

일반 폭약       포신

우라늄 '총알'      원통형 표적

히로시마에 최초로 투하된 원자폭탄 리틀 보이. 전형적인 포신형 원자폭탄이다.

면서 더 넓은 면적에 피해가 가해졌기 때문이다. 또 나가사키가 지형적으로 굴곡이 있어 그 위력이 미치는 범위가 상대적으로 제한되었던 것도 나름 이유가 되었을 것이다.

원자폭탄의 경우, 현재까지 실제로 폭발해서 얻어진 가장 큰 위력은 500kt이다. 하지만 수소폭탄의 등장으로 인해 현재 실전배치된 원자폭탄의 대부분은 50kt을 넘지 않는다. 그 이상의 폭발력이 필요하면 수소폭탄을 만드는 것이 현실적이기 때문이다. 수소폭탄의 경우 거뜬히 100kt을 넘길 수 있다. 지금까지 실험에서 폭발한 수소폭탄 중 가장 강력한 것은 옛 소련이 만들어 1961년에 실험한 '차르 봄바'이다. 이것은 무려 50mt의 위력을 발휘했으며 아직까지 인류가 이보다 더 강한 폭탄을 터뜨린 일은 없다. 물론 이 정도의 위력을 실제 무기에 적용하기는 힘들지만, 미국만 해도 9mt의 수소폭탄인 B83을 2011년까지 50발 보유하고 있었으며 지금도 1.2mt의 B83 폭탄을 실전배치하고 있다.

## 발달한 핵탄두 기술

사실 핵무기를 얼마나 강력하게 만드느냐 이상으로 중요한 것이 얼마나 작게 만드느냐이다. 아무리 강력해도 필요한 곳까지 쉽게 운반할 수 없으면 의미가 없다. 히로시마와 나가사키에 투하된 원자폭탄은 폭격기에 실려 목표 지점 상공에서 투하될 수 있었으니 무기로서 위력

리틀 보이의 내부. 포신, 즉 단단한 금속 원통 한쪽 끝에는 우라늄235로 만든 '총알'과 폭약이, 반대쪽에는 우라늄235로 만든 '표적'이 들어 있다. 폭약이 터지면 '총알'이 맹렬한 기세로 표적을 향해 달려가 충돌하면서 핵분열 반응이 일어난다. 이 방식이 가장 쉽게 만들 수 있는 원자폭탄으로, 개발한 과학자들도 얼마나 확신을 가졌는지 따로 핵실험조차 하지 않고 히로시마에 투하했다.

을 발휘한 것이지, 만약 폭격기에도 실릴 수 없을 정도로 크고 무거웠다면 사용될 수 없었을 것이다. 히로시마와 나가사키에 사용된 원자폭탄은 무게가 4t이 넘는다. 이 정도 크기라면 운반 수단이 아주 제한적이다. 현대에도 이 정도 무게의 폭탄을 운반할 수 있는 전투기는 없다. 현대의 전투기가 많게는 10t 정도의 폭탄을 실어 나를 수 있지만, 이것은 10t짜리 폭탄 하나가 아니라 그보다 작은(대략 1t 정도) 폭탄 여러 개를 합쳤을 때의 이야기다. 전투기가 아니라 미사일의 탄두로 쓰려면 더욱 작아져야 한다. 따라서 핵무기의 경량-소형화, 즉 더 작고 가볍게 만드는 일은 핵무기를 실용화하는 데 아주 중요한 요소이다.

핵무기의 소형화는 얼마나 진척됐을까. 현재 미국이 보유한 핵폭탄, 말 그대로 비행기에서 그냥 떨어트리는 폭탄으로서의 핵무기로 가장 많은(2013년 기준 약 200발) 종류인 B61은 약 320kg 정도로 알려졌다. 여기에 들어가는 탄두(수소폭탄)는 무게가 약 170~180kg 정도이며, 이것의 위력은 최대 340kt이다. 또한 미국의 잠수함 발사 탄도미사일(SLBM)인 트라이던트2에 8발을 탑재하는 W88 핵탄두(수소폭탄)는 475kt의 위력을 가지는데 무게가 약 360kg이다. 즉 수소폭탄도 이제는 수백kg 정도의 무게로 탄두를 완성하는 것이 가능해진 시대다.

원자폭탄으로 가면 소형화는 더욱 극적이다. 이미 1963년에 155mm 곡사포용 원자포탄인 W48이 개발되어 1992년까지 실제로 미군에 보관되어 있었다. 이것의 무게는 약 58kg으로, 위력은 0.072kt이었다. 원자폭탄치고는 매우 약해 보이지만, 이것도 보통 폭약의 72t에 해당하는 막강한 위력이다. 게다가 비록 취소되기는 했지만 1980년대에는 무게는 43kg으로 줄이고 위력은 2kt까지 높인 W82포탄까지 개발됐다. 이것이 취소된 이유도 기술적인 문제 때문이 아니라 냉전이 끝나면서 전술 핵무기를 크게 줄이기로 했기 때문이다. (참고로 155mm 곡사포용의 포탄은 특수한 것이 아니라 지금 우리 군에서 사용하는 자주포나 견인포에도 그대로 쓸 수 있는 것이다.) 핵무기를 가장 작게 줄인 사례는 1950년대에 미국이 개발한 '데이비 크로켓' 초소형 원자 로

1950~60년대에 사용되었던 데이비 크로켓 핵로켓. 초소형 원자폭탄을 발사하는 로켓탄이다.

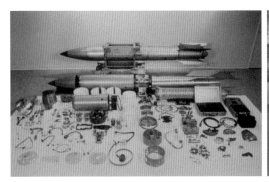

켓포다. 여기에는 W54라고 불리는 핵탄두가 탑재되는데, 무게가 겨우 23kg이다(완성된 데이비 크로켓 포탄의 무게는 약 35kg). 이것의 위력은 0.02kt, 즉 20t의 TNT와 맞먹는 수준이었다. 미국은 여기에 더해 '핵배낭', 즉 말 그대로 사람이 등에 배낭처럼 메고 다닐 수 있는 원자폭탄까지 만들었다. 데이비 크로켓에 탑재된 W54를 배낭에 넣을 수 있게 개조한 이 핵배낭은 둘로 나눠 특수부대원이 메고 침투하게 되어 있었고, 위력은 최대 1kt까지 나왔다고 한다. 핵배낭 역시 1960년대에 이미 개발되어 1980년대까지 운용된 것으로 알려졌다. 그리고 이 핵배낭과 비슷한 위력의 핵지뢰까지 있었다. 핵지뢰는 말 그대로 땅에 묻어놓는 원자폭탄이었는데, 물론 지뢰라고 해서 보통 지뢰처럼 적이 밟아야 터지는 위험천만한 방식은 아니었다. 적이 접근하는 것을 감지했다가 원격조종으로 터뜨리는 것이었다. 우리나라에도 주한미군이 과거에 사용했다고 하지만, 1990년대에 철수해 지금은 없다.

## 전략 핵무기와 전술 핵무기

핵무기는 위력만이 아니라 용도로도 크게 두 종류로 나뉜다. 하나는 전략 핵무기, 또 하나는 전술 핵무기다. 전략 핵무기는 간단하게 말해 적국의 전쟁수행능력 자체를 파괴하는 데 쓰인다. 적국의 도시나 산업시설, 통신망 같은 것을 파괴하는 데 쓰이는 것이다. 쉽게 말해 제2차 세계대전 중에 독일이나 일본의 대도시들에 폭탄을 퍼부은 연합군 폭

핵배낭(SADM)의 내부. 흔히 말하는 핵배낭은 1960~70년대에 미국이 운용한 휴대식 원자폭탄인 SADM으로, 둘로 나눠 사람이 말 그대로 배낭에 메고 운반한 뒤 조립해 완성시켰다.

격기들의 역할을 하는 셈이고, 히로시마와 나가사키에 떨어진 것들의 역할도 여기에 해당한다. 반면 전술 핵무기는 전쟁터에서 적을 파괴하는 데 쓰인다. 마치 대포나 전폭기가 적에게 포격이나 폭격을 퍼붓듯 최전선, 혹은 그보다 조금 뒤의 적 군대나 그 시설을 파괴하는 것이다. 단순하게 말하자면 전략 핵무기는 적의 후방을, 전술 핵무기는 적의 전방을 노리는 것이라 할 수 있다. 그 때문에 전략 핵무기는 상대적으로 위력이 강하고, 먼 거리를 날아가는 투발 수단에 실려 간다. 반면 전술 핵무기는 상대적으로 위력이 약하다. 앞에서 언급한 155mm 원자포탄이나 데이비 크로켓, 핵배낭 등이 전술핵에 해당하며 그 위력은 잘해야 몇 kt 정도이다. 물론 이것도 보통 폭약보다야 엄청나게 세지만, 히로시마에 투하된 가장 초기의 원자폭탄보다도 훨씬 약하다. 이는 물론 크기가 작아서이기도 하지만, 적과 가까운 최전선에서 사용되어야 하기 때문에 아군에 미치는 영향을 최소화하기 위해서도 위력을 어느 정도 제한할 필요가 있었다. 전술 핵무기는 미래의 전쟁은 무조건 핵전쟁이 되리라고 예상한 1950년대에 등장해 1960년대까지 엄청난 양이 만들어졌다. 이때만 해도 핵무기와 핵전쟁에 대한 이해가 부족해 겁도 없이 마구 만든 것이다. 그나마 1970년대부터 너무 많은 핵무기가, 그것도 일선 군인들이 쉽게 사용할 수 있다는 사실을 우려한 미국과 소련 양측에 의해 전술 핵무기가 많이 감축되었다는 사실은 다행이다.

전술 핵무기는 현재 사실상 멸종됐다. 냉전이 끝나면서 최전선에 서까지 핵무기가 사용되어야 할 전면전 가능성이 크게 줄었고, 강대국들 사이에서도 예전보다는 핵무기를 더 통제해야 한다는 공감대가 형성되면서 사실상 전술 핵무기를 전부 없앴기 때문이다. 우리나라에도 주한미군이 핵포탄이나 핵지뢰 등의 전술 핵무기를 적잖이 배치했던 것으로 알려졌지만, 한반도 비핵화 선언이 선포된 1990년대 초반에 전부 철수한 것으로 알려졌다.

## 핵무기는 어떻게 목표한 곳으로 가는가

핵무기는 핵폭탄 그 자체만 있다고 되는 게 아니다. 앞서 언급했듯 적이 있는 곳까지 '배달'될 수 있어야 한다. 그리고 이처럼 핵무기를 필요한 곳까지 '배달'할 수 있는 수단을 '투발수단'이라고 한다.

사실 핵무기의 투발수단은 종류가 무궁무진하다. 핵포탄만 있으면 일반 야포도 핵무기의 투발수단이 될 수 있다. 그러나 핵포탄처럼 위력이 약하고 사정거리가 짧은 전술 핵무기는 현대에 거의 사라진 상태인 만큼, 현재는 전략 핵무기를 목표까지 옮기는 데 필요한 투발수단들이 주류를 차지하고 있다. 가장 쉽게 이해할 수 있는 핵무기 투발수단은 역시 항공기다. 핵폭탄을 폭격기나 전투기 같은 항공기에 실어서 목표에 떨어트리는 것은 가장 처음 투하된 원자폭탄 때부터 있어 왔던 일이다. 그러나 적도 바보는 아닌 만큼 핵폭탄을 실은 항공기가 목표 머리 위까지 여유 있게 오도록 고분고분 놔두지는 않는다. 전투기를 보내든, 땅에서 미사일을 쏘든 핵폭탄을 실은 항공기를 격추하려 할 것이다. 즉 대공 방어태세가 매우 단단한 목표라면 그런 식으로 핵무기 공격을 퍼붓기는 어려운 것이다.

그래서 나온 것이 바로 미사일이다. 특히 애용되는 것이 바로 탄도미사일(Ballistic Missiie)이다. 탄도미사일이란 마치 대포의 포탄처럼

사일로에 보관되어 있는
미니트맨 III 미사일

위로 높이 쏴 올린 다음 멀리까지 떨어지게 하는 비행, 즉 '탄도비행'으로 목표까지 도달시키는 미사일이다. 탄도미사일은 아주 높이 솟구쳤다가 아래로 떨어지기 때문에 떨어질 때의 속도가 매우 빠르고, 또 워낙 높이 올라가는 만큼 요격하기가 아주 어렵다. 반면 사거리, 즉 날아가는 거리가 길어질수록 아주 크고 비싸진다. 이 탄도미사일 중 가장 크고 사거리도 긴 것이 바로 대륙간 탄도미사일, 즉 ICBM(Inter-Continental Ballistic Missile)이다. 말 그대로 미국에서 쏘면 유럽이나 아시아까지 날아갈 수 있는 긴 사정거리(미국의 미니트맨이 약 1만 3000km)를 자랑한다. 이렇게 멀리까지 날아가는 만큼 무려 1120km 높이까지 올라갔다 떨어지므로 최대 속도가 무려 마하(mach) 23에 달한다. 왜 이렇게

높이까지 올라갔다 내려올까. 멀리까지 날아가게 하려면 당연히 그만큼 높은 곳까지 올라갔다 떨어지게 해야 한다. 게다가 높이 올라갈수록 공기는 희박해진다. 공기가 옅어지면 그만큼 공기 저항도 약해지며, 그 때문에 더더욱 멀리 가기에 유리하다. 실제로 현재 계획 중인 초고속 여객기(서울-로스앤젤레스 사이를 3~4시간이면 갈 수 있게 할 예정)도 거의 우주공간이나 다름없는 높은 고도까지 올라가서 약한 공기저항을 최대한 활용할 방법을 궁리하고 있다고 전해진다. 또 다른 중요한 투발수단 중 하나가 바로 순항미사일(Cruise Missile)이다. 순항미사일은 탄도미사일과 달리 비행기처럼 날아다닌다. 제트엔진과 날개가 있어 비행기처럼 일정한 고도를 유지하며 날아가는데, 요즘 흔히 말하는 드론과도

통하는 면이 있는 무인 비행기인 셈이다. 물론 드론과는 차원이 다르다. 실제 전쟁에서 가장 많이 사용된 기록을 가지고 있는 순항미사일은 미국의 토마호크 순항미사일이다. 이 토마호크는 무게가 대략 1300kg 정도에 길이는 5.56m 정도이고 450kg 무게의 탄두를 실을 수 있으며, 핵무기를 탑재할 경우 150kt 위력의 W80 핵탄두를 탑재할 수 있다. 그리고 비행할 수 있는 거리는 거의 2000km 정도에 달한다. 속도는 대략 시속 890km 정도이다. 사실 토마호크 같은 순항미사일이 매우 골치 아픈 것은 아주 낮은 높이로 비행하기 때문이다. 토마호크의 경우 수십m에 불과한 아주 낮은 높이로, 그것도 미리 입력된 지도와 지형을 대조해가며 날아가기 때문에 레이더로 발견되기도 아주 어렵고 요격하기도 쉽지 않다. 정확도 역시 놀랄 만큼 높은데, 그 정확도는 흔히 건물의 어느 창문을 콕 찍어서 공격할 수 있는 정도라고 일컬어진다.

다만 순항미사일을 이용한 핵 공격은 현재는 그다지 중요시되지 않는다. 토마호크 미사일이 핵탄두를 탑재할 목적으로 운용된 것도 1980년대의 이야기로, 냉전이 끝나면서 토마호크는 핵무기로서가 아니라 단순한 미사일로 사용되고 있다. 핵무기의 수량이 크게 줄어든 데다 핵전쟁의 가능성 자체가 크게 줄어들어서 토마호크까지 핵무기 공격에 쓸 이유가 없어졌기 때문이다. 게다가 토마호크는 아주 먼 거리에서, 그것도 아군 전투기의 희생을 전혀 걱정하지 않고도 정확하게 목표물을 파괴할 수 있다. 그 때문에 1991년의 걸프전에서는 288발이 발사되었고 2014년에도 IS를 공격하는 데 47발의 토마호크가 발사되었다. 물론 이 미사일들은 핵무기가 아닌 일반 폭약을 실었다.

실은 우리나라에도 순항미사일이 있다. 적의 함정을 공격하는 '대함미사일'도 일종의 순항미사일이기 때문이다. 우리나라에는 미국에서 수입한 '하푼' 대함미사일과 우리나라에서 직접 개발한 '해성' 대함미사일이 있다. 북한의 주요 시설을 타격하기 위해 외국에서 도입한 '타우루스'나 SLAM-ER 같은 순항미사일도 있으며 우리나라에서 개발한 '현무-3'도 순항미사일의 일종이다.

미 공군의 공중발사 순항미사일(ALCM).
1980년대까지 핵탄두를 탑재했다.

미국의 토마호크 순항미사일

'하푼' 대함미사일

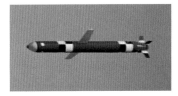
우리나라에서 개발한 현무-3

순항미사일 타우루스

현재는 박물관으로 운용 중인 타이탄2 미사일 사일로의
통제실(미국 애리조나주 투싼 소재)

애리조나주 투싼의 타이탄2 사일로 내부에 있는 문. 원자폭탄의
폭발에 의한 폭풍으로 파괴되지 않도록 엄청난 두께로 만들어졌다.

## 미사일의 플랫폼

　이처럼 핵무기로 상대를 공격하는 수단은 여러 가지가 있고, 그
중에서도 현대에는 각종 미사일(탄도미사일이나 순항미사일)이 핵 공
격의 가장 중요한 수단이 되고 있다. 하지만 미사일을 운용하는 데 있
어 미사일 못지않게 중요한 것이 바로 플랫폼, 즉 그 미사일이 발사되
는 장소다. 가장 기본적인 플랫폼은 바로 '땅'이다. 그냥 지상에 발사대
를 세우고 쏘면 되는 것이다. 하지만 이러면 움직일 수가 없어 적이 반
격을 해오면 속수무책이다. 특히 적의 핵공격을 먼저 받는다면 땅 위의
미사일은 순식간에 쓸려나가 버릴 것이다. 언제나 내가 먼저 쏜다는 보
장이 없는 만큼, 이것은 결코 우습게 볼 문제가 아니다. 지상의 고정된
발사대를 적의 공격에서 보호하는 방법이 없는 것은 아니다. 미국이나
러시아가 하는 것처럼 아예 땅속에 발사대를 만들면 된다. 영어로 '사
일로'라고 불리는 이 지하 미사일 발사대는 대부분 대륙간 탄도미사일
(ICBM) 기지로 만들어졌다. 거대한 ICBM을 적의 핵공격으로부터 보호
한 뒤 반격할 수 있게 하려고 만든 사일로는 특히 냉전시대가 한창이던
1960년대에 많이 만들어졌고, 지금도 꽤 많은 숫자가 실제로 운용되고
있다. 하지만 사일로에는 치명적인 약점이 있다. 돈이 너무 많이 든다는
것이다. 지하 수십m 깊이에 미사일 기지를 짓는 비용이 적게 들 턱이
없다. 게다가 발사대의 입구는 평소에는 두터운 철문으로 보호되는데,

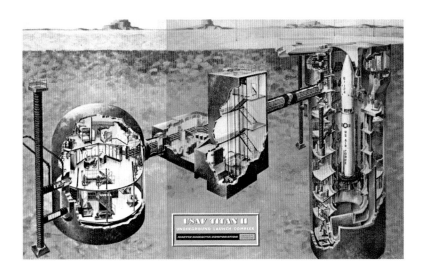

한때 미 공군의 핵공격 플랫폼 중
하나였던 B-1B

타이탄2를 운용하는 지하
사일로의 내부 구조도

어떤 이유로든 이 철문이 움직이지 못하게 되면 미사일도 함께 무용지물이 된다. 발사대가 직접 땅 위를 움직이는 이동식 발사대도 있다. 옛 소련처럼 기차 레일 위를 움직이는 열차형 이동식 발사대도 있지만, 대부분의 경우는 거대한 차량 위에 미사일을 얹어 움직이게 한다. 핵공격을 맞게 되면 속수무책이지만, 대신 위치를 추적하기가 쉽지 않아 적의 공격에서 안전하다는 장점도 있다. 실제로 걸프전 당시 이라크군은 이동식 탄도미사일 발사대를 이용해 미군 및 다국적군을 괴롭혔지만, 다국적군이 엄청난 노력을 기울여 이라크군의 이동식 발사대를 '사냥'했음에도 불구하고 실제 파괴된 숫자는 극히 일부에 지나지 않는다고 한다. 이것은 이동식 발사대가 얼마나 쉽지 않은 상대인지 보여주는 한 사례이다. 항공기도 미사일 발사의 플랫폼으로 활용된다. 다만 항공기는 탄도미사일을 싣기가 어렵기 때문에 순항미사일 발사 플랫폼으로 주로 활용된다.

## 가장 골치 아픈 상대, 잠수함과 SLBM

미사일 발사 플랫폼에도 다양한 종류가 있지만, 가장 상대하기 힘든 플랫폼이 바로 잠수함이다. 그리고 그 잠수함에서 발사되는 위협

바닷속에서 발사되는 미국의
트라이던트2 SLBM

들 중 가장 골치 아픈 것이 바로 SLBM(Submarine-Launched Ballistic Missile: 잠수함 발사 탄도미사일)이다. 잠수함이 골치 아픈 플랫폼인 이유는 간단하다. 바로 바닷속에서 움직이기 때문이다. 일단 바닷물 속 깊숙이 들어가는 것만으로도 찾아내기가 아주 어려워진다. 물 위라면 레이더 등의 각종 탐지수단으로 비교적 어렵지 않게 찾아낼 수 있다지만, 물속이라면 현대의 첨단기술로도 잠수함을 잡아내는 것은 결코 쉬운 일이 아니다. 2010년의 천안함 폭침 사태를 보면 알 수 있듯이, 잠수함의 위협은 21세기의 오늘날에도 결코 만만하게 볼 것이 아니다.

게다가 잠수함이 바닷속을 움직인다는 것은 더더욱 골치 아픈 문제다. 바다는 아주 넓다. 지구 면적의 70%가 바다이며, 그 넓은 바닷속에 있는 잠수함을 찾아내기란 문자 그대로 짚더미 속에서 바늘을 찾는 것만큼이나 힘든 일이다. 게다가 바다는 지구상에 있는 나라 대부분을 이어준다. 적 잠수함이 언제 어디로 가서 어떤 일을 할지 알아내기가 더더욱 쉽지 않게 되는 것이다. 잠수함을 찾아서 공격하는 것이 불가능하지야 않지만, 결코 쉽지는 않다는 것이다. 그리고 이런 잠수함이 탄도미사일과 만나면 그야말로 최강의 핵공격 콤비가 완성된다. 바로 잠수함 발사 탄도미사일인 SLBM이 탄생하기 때문이다. SLBM은 미사일 자체만 보면 평범한 탄도미사일이다. 하지만 잠수함에서 발사되기 때문에 그 위력이 땅에서 평범하게 발사되는 미사일보다 훨씬 강해진다. 어디에서 발사되는지 알 수 없는 데다, 필요에 따라서는 적국에서 상당히 가까운 곳에서 발사할 수 있기 때문이다. 사실 땅에서 발사되는 미사일은 고정식 발사대의 경우 적이 보복하기 쉽게 사실상 100% 드러나 있는 셈이고, 이동식 발사대라도 적의 보복이 두려워 여기저기 도망 다니다 보면 원하는 시간에 원하는 숫자만큼 쏘기 어렵다는 문제가 있다. 실제로 걸프전 당시에 다국적군이 이라크군의 이동식 탄도미사일 발사대를 파괴한 경우는 거의 없지만, 이것은 그만큼 이라크군이 발사대를 필사적으로 감췄기 때문이다. 그리고 그 때문에 이라크군은 미사일을 훨씬 적게 쏠 수밖에 없었다. 발사대 자체는 부수지 못해도 미사일이 발사되는 것은 막았으니 '발사대 사냥'이 전과를 거둔 셈이었다.

하지만 잠수함은 그렇지 못하다. 당장 바다는 땅보다 훨씬 넓고, 물속에 있는 잠수함은 지상의 이동식 발사대보다 훨씬 찾기 어렵다. 그러다 보니 잠수함이 SLBM을 발사하는 것을 막기도 어렵고, 또 발사된 SLBM을 요격하기도 더 어렵다. 지상이라면 그래도 어느 정도 예상되는 발사 방향이 있지만 바다에서라면 그것을 예상하기가 더 어렵기 때문이다. 불가능하지야 않지만, 더 까다로워지는 것은 사실이다.

## 더 골치 아픈 원자력 추진 잠수함

만약 SLBM을 탑재한 잠수함이 원자력 추진 잠수함이면 더더욱 골치 아픈 문제가 펼쳐진다. 훨씬 오랫동안, 훨씬 멀리까지 잠수할 수 있기 때문이다. 잠수함에는 크게 두 가지가 있다. 하나는 디젤 추진 잠수함, 또 하나는 원자력 추진 잠수함이다. 디젤 추진 잠수함은 물 위에서는 디젤 엔진을 돌려서 항해하고 전기를 충전하다가 잠수하면 물 위에서 충전한 배터리를 이용해 전기 모터로 움직인다. 반면 원자력 추진 잠수함은 원자로에서 나오는 열을 이용해 물을 끓여 터빈을 돌리는 방식으로 움직인다. 디젤 추진 잠수함의 경우 한번 연료를 가득 채우면 길어야 40여 일 정도 행동하는 게 한계이고 잠수할 수 있는 시간도 길어야 몇 주일 정도에 불과하다. 반면 원자력 추진 잠수함은 연료를 짧아도 5~6년, 길면 30년 가까이 바꾸지 않아도 된다. 게다가 물속에서도 몇

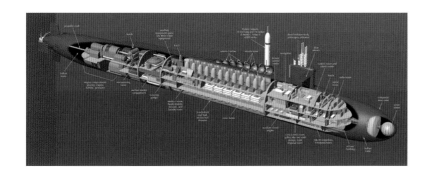

미국의 오하이어급 전략 SSBN(SLBM을 운용하는 원자력 추진 잠수함). 한 척에 최대 24발의 트라이던트 SLBM을 싣는다.

달이고 잠수한 채 버틸 수 있다. 또 힘이 세기 때문에 배를 더 크게 만들기도 쉽고, 그만큼 많은 미사일을 실을 수 있다. 이 때문에 5대 핵보유국(미국, 러시아, 프랑스, 영국, 중국)은 모두 핵무기 운용에서 SLBM과 이것을 탑재한 원자력 추진 잠수함(SSBN)을 가장 중요하게 여기고 있다. 북한이 SLBM과 이것을 실은 잠수함까지 확보하는 데 엄청난 노력을 기울이고 있는 것도 이 때문이다. 북한은 좁은 나라다. 북한 땅 위에서 미사일을 발사한다면 점점 발달해가는 미사일 요격 기술이 이들을 무력화시킬 가능성은 점점 높아진다. 게다가 북한의 도발에 대해 한-미 연합군이 보복에 나서도 이미 바닷속에 숨어 있는 잠수함은 찾아서 파괴하기도 지극히 어렵다. 그나마 다행인 것은 북한이 지금 가지고 있는 SLBM 탑재 잠수함이 소련이 1950년대에 개발한 골프급 잠수함을 개조한, 상당히 낮은 수준의 것이라는 점이다. 잠수함 자체도 상당히 구식이고, 또 크기가 작아 SLBM을 한 발 탑재했을 것으로 보는 시각이 지배적이다. 하지만 북한이 지금보다 더 큰 잠수함을 만들어 SLBM을 3~4발쯤 실으려는 시도를 한다는 의견이 많고, 일부에서는 아예 북한이 원자력 추진 잠수함까지 만들려 한다는 주장도 나오고 있다.

북한이 SLBM을 탑재한 원자력 추진 잠수함까지 만들까? 일단 그 가능성은 그리 높지는 않다. 원자력 추진 잠수함은 원자폭탄과 미사일을 만드는 것과는 별개로 만드는 기술이 결코 쉽지 않다. 물론 돈과 자원도 엄청나게 요구된다. 게다가 설령 완성했다 쳐도, 흔히 생각하는 것과 달리 원자력 추진 잠수함은 디젤 추진 잠수함보다 시끄러울 경우가 많다. 디젤 추진 잠수함은 물속에서 모터만 돌리면 되지만 원자력 추진 잠수함은 물속에서 물을 끓이고 증기를 만들어 터빈을 돌린다. 그만큼 소리가 더 나기 쉽다. 이것을 조용하게 만드는 기술은 더더욱 쉽지 않고, 사실상 4대 핵보유국(미국, 러시아, 영국, 프랑스) 정도만 충분한 수준으로 확보한 것으로 알려졌다. 중국조차 여기에 만족스러운 결과를 내지 못하는 것으로 알려진 마당에, 북한이야 더 말할 것도 없다. 그리고 물속에서 시끄럽다는 이야기는 그만큼 발각되기 쉽다는 이야기다.

이 때문에 일부에서는 차라리 북한이 그나마 기술적으로 나름 자신이 있는 디젤 추진 잠수함을 더 크게, 많이 만드는 쪽을 선택하지 않겠느냐고 생각하기도 한다. 하지만 그럼에도 북한이 원자력 추진 잠수함을 최소한 시도 정도는 해볼 가능성은 충분하다. 소음 같은 문제에도 불구하고, 원자력 추진 잠수함은 여러 발의 탄도미사일을 싣고 몇 달씩 바닷속에 머물 수 있다는 점에서 북한 입장에서는 너무나 매력적이기 때문이다. 특히 필요하면 미국 등 먼 나라 주변까지 진출할 수 있다는 점도 북한으로서는 거부하기 힘든 매력일 것이다.

## 북한이 미국을 공격할 것인가

그렇다면 여기서 북한의 핵과 관련해 가장 많은 궁금증을 유발할 부분은 '과연 북한이 미국에 핵공격을 할 것인가?'라는 점일 것이다.

먼저 북한이 미국에 핵공격을 가할 능력이 있는지부터 살펴봐야 할 것이다. 그리고 그 답은 일단 미국 본토에 대해서는 '없다'이다. 지금 북한이 가진 미사일 중 북한, 혹은 북한 주변의 바다에서 발사해 미국까지 날려 보낼 미사일은 없다. 최근 북한이 몇 차례 시험발사한 일명 무수단 미사일은 사거리가 길어야 4000km 정도이기 때문이다. 인공위성을 쏴 날리는 데 사용한 로켓들이 ICBM을 만들기 위한 노력의 일부임은 분명하지만, 문제는 이 로켓이 미사일로서 미국 본토까지 날아갈 뿐 아니라 원하는 목표를 맞추게 하려면 아직 한참 먼 것으로 여겨진다. 가장 큰 북한의 문제는 바로 '재진입'이다. 까마득히 먼 거리를 날아간 뒤 그 탄두가 대기권으로 다시 들어가면서 생기는 엄청난 공기저항과 열을 견뎌야 할 뿐 아니라 마하 20에 달하는 엄청난 속도로 떨어지면서도 정확히 원하는 곳으로 향해야 한다. 수많은 실험과 연구에도 불구하고 아직 이 기술은 완성되지 못했다. 아니, 재진입 기술은 둘째치고 미사일 자체도 최근 여러 차례 실패한 무수단 미사일의 실패에서 알 수 있듯 전체적으로 기술에 문제가 많다. 물론 북한이 가만히 있는 것은 아니다. 미사일 기술을 어떻게든 개량하려고 애쓰고 있고, 특히 SLBM과 잠수함을 개량해 어떻게든 미국 본토를 공격할 수 있는 무기로 만들려 하고 있다. 그러나 이것이 결코 쉬운 일은 아니고, 적어도 당분간은 북한이 공격할 수 있는 거리는 잘해야 괌, 그나마도 아직 충분히 가능하다고 보기는 힘든 상황이다. 무엇보다도 가장 중요한 문제, 핵탄두의 소형화가 정말 미사일에 실을 수 있는 정도까지 진행됐는지도 아직 논란이 분분한 실정이다. 설령 북한이 기술을 완성해서 미국 본토를 공격할 능력을 갖췄다고 해도 그런 능력이 있는 것과 진짜 공격할 수 있는 것은 전혀 별개의 문제다. 북한이 정말 미국 본토를 공격할 수준의 핵탄두와 미사일 기술을 갖췄다 해도, 여전히 북한과 미국의 핵무기 능력은 그야말로 '넘사벽'이 될 수밖에 없기 때문이다. 사실 핵무기로 핵보유국을 공격한다는 것은 당연히 핵무기로 보복당할 것을 각오하는 것을 의미한다. 그나마 두 나라의 핵무기 공격능력이 비슷해 둘 다 확실히 멸망할 것이 분명하다면 모르겠다. 실제로 냉전시대에 미국과 소련은 '상호확증파괴(MAD)', 즉 '네가 나를 공격하면 너도 최소한 같이 죽는다'는 공동 멸망의 개념으로 서로를 견제했다.

그런데 북한의 핵능력은 설령 핵탄두 소형화나 ICBM/SLBM 실용화에 도달한다 쳐도 미국과는 비교도 안 될 것이 분명하다. 북한과는 비교도 안 되게 핵무기에 많은 노력을 기울이고 기술도 발달한, 게다가 쓰는 돈 자체도 훨씬 많은 중국조차 미국에 그나마 위협을 줄 정도의 성능을 가진 ICBM이나 SLBM의 숫자는 다 합쳐봐야 50~60발 정도인 것으로 추정된다. 핵무기와 미사일을 개발하는 그 자체에도 거의 국가 경제를 총동원하는 북한이 중국과 맞먹는 숫자의 미사일을 가지기란 아무리 생각해도 힘든 일이고, 그렇다면 북한이 아무리 애를 써도 미국 본토까지 공격할 수 있는 미사일은 중국보다 훨씬 적은 숫자를 갖추는 데 그칠 가능성이 높다. 반면 미국은 어떨까. 미국은 지금 실제로 운용하는 ICBM만 해도 무려 431발, SLBM도 230발이다. 게다가 이 미사일들이 모두 탄두 한 발씩만 싣는 것도 아니다. 상당수의 미사일이 MIRV, 즉 여러 발의 탄두를 하나의 미사일에 실은 것들이다. 이들이 떨어트릴 탄두의 숫자는 무려 1400발이 넘는다. 게다가 북한은 미국과는 비교도 안 되게 좁은 나라다. 미국은 가지고 있는 핵무기의 그야말로 아주 일부만 써도 북한을 거의 '지도에서 지워버릴' 수 있는 셈이다.

지하 사일로에서 발사되는
미국의 타이탄2 ICBM

북한의 또 다른 한계는 '경보'도 '요격'도 불가능하다는 것이다. 우리나라에 배치된 사드가 미국 본토를 방어하기 위한 것이라는 억측이 많이 돌았지만, 사실 사드는 사거리의 한계 때문에 우리나라에 배치된 것이 미국으로 날아가는 미사일을 요격할 수는 없다. 하지만 미국은 SM-3이라는 미사일을 바다에 있는 이지스함에서 발사할 수 있고, 이 SM-3미사일은 미국으로 날아가는 도중의 ICBM도 잡아낼 수 있는 성능을 가지고 있다. 게다가 미국 본토에도 사드가 배치되어 있고, 또 미국 본토로 날아오는 각종 미사일을 탐지해낼 인공위성이나 레이더 등도 여러 종류가 있다. 즉 미국은 자기 쪽으로 날아오는 핵미사일을 어느 정도 막아낼 능력이 있고, 특히 북한처럼 기술도 부족하고 미사일 숫자도 부족한 상대의 미사일이라면 상당한 확률로 방어에 성공할 것이다.

하지만 북한은 그렇지 못하다. 사실상 북한이 미국의 핵공격 여부를 눈치 챌 방법은 버섯구름이 평양 하늘에 피어오를 때 정도다. 미국이 쏘는 미사일을 탐지할 레이더도 없고 요격할 방어 미사일도 없는 게 북한이다. 결국 북한이 핵무기와 미사일을 완성한다 한들, 미국과 본격적인 핵대결을 벌인다면 북한의 운이 좋다 해도 미국 도시 한두 개를 궤멸시키는 정도에 머무르겠지만 북한은 말 그대로 지구상에서 사라지게 된다. 이런 상황에서 북한이 미국 본토에 대한 핵공격을 섣불리 할지는 두고 봐야 할 노릇이다.

## 문제는 '가능성'

사실 이런 문제들 때문에, 설령 북한이 핵탄두 소형화나 미사일 기술을 완성시킨다 해도 미국이 북한을 정식 핵보유국으로 인정하고 그에 맞는 대접을 해줄 가능성은 희박하다. 단지 핵이 있고 없고의 문제를 떠나, 북한이 흔히 말하는 핵보유국에 걸맞은 국력을 가진 나라도 아닐뿐더러 국제사회에서의 '신뢰도'까지 고려하면 더 할 말이 없는 막장 국가이니 말이다. 사실 핵무기를 보유한 파키스탄 같은 나라도 핵보유 자체는 인정을 받을지언정 다른 핵보유국들과 같은 '강대국' 취급을 받으며 그 혜택을 받는 부분은 사실상 없다는 점을 감안하면, 북한이 핵무기를 가졌다고 미국에게 중국, 러시아, 프랑스, 영국 등 핵 보유 강대국에 걸맞은 대접을 받을 가능성은 전혀 없다.

다만 그렇다고 미국이 북한을 완전히 무시해버릴 수도 없는 상황이다. 가장 큰 문제는 북한이 다른 나라들과는 너무 행동방식이 달라 예측이 불가능하다는 것이다. 다른 핵보유국들은 핵무기에 대해 말할 때 상당히 조심스럽다. 미국이나 러시아 같은 나라들조차 핵무기를 이용해 선제공격을 하겠다고 선언하는 경우는 사실상 없었다. 이스라엘은 지금까지도 공식적으로는 핵무기 보유 여부 자체를 인정도 부정도 하지 않는 상황이고, 인도와 파키스탄 역시 핵실험은 했지만 이것을 어떻게 쓸지 같은 문제는 거의 입 밖으로 꺼내지 않는다. 반면 북한은 지금까지 여러 차례 핵으로 선제공격을 할 수 있다고 호언장담한 상태고, 그 어떤 나라들보다 핵무기에 대해 요란하게 선전하고 있다. 문제는 그것만이

아니다. 북한은 여전히 우리나라 및 미국과 휴전, 즉 '전쟁을 쉬는' 상태다. 법적으로는 아직 전쟁이 끝나지 않은 것이다. 게다가 북한은 아직까지도 남침을 포기하지 않는 것으로 보일 만큼 공격적으로 군 병력과 장비를 전방에 배치하고 있으며, 실제 군 작전도 철저하게 선제공격에 맞게 짠 것으로 알려져 있다. 이처럼 남침 준비를 포기하지 않는 상황에서 핵무기를 이용해 선제공격까지 할 수 있다는 식으로 주장한다면, 자칫 이들의 남침을 막기 위해 미국이 군사력을 동원할 때 하다못해 꽘 정도에라도 핵무기를 떨어트리겠다고 협박을 하거나 숫제 진짜 핵공격을 벌일 가능성마저 배제할 수 없다는 것이다.

　물론 정상적인 다른 나라가 상대라면 아무리 미국과 군사적으로 대치한다 해도 정말 핵무기까지 사용해 미국을 협박할 가능성은 사실상 없다. 그러나 북한을 정상적인 나라로 보기에는 여러모로 무리인 만큼, 미국으로서도 이들에 대해 어떻게 대하는 것이 최선인지는 심각한 고민 중일 것이다. 그렇다고 북한을 정식 핵보유국으로 인정하고 대접하면서 그들의 요구를 순순히 들어준다면 그것 역시 심각한 무리수인 셈이고, 결국 당분간은 현재처럼 대치와 제재를 계속하면서 북한의 변화를 유도하는 정책을 이어갈 것이다. 물론 북한 쪽이나 미국의 입장에 큰 변화가 생긴다면 어떻게 될지 장담할 수 없지만, 이것은 당분간 두고 봐야 알 것이다.

## issue 04
# 미세먼지

## 이충환

서울대 대학원에서 천문학 석사학위를 받고, 고려대 과학기술학 협동과정에서 언론학 박사학위를 받았다. 천문학 잡지 《별과 우주》에서 기자 생활을 시작했고 동아사이언스에서 《과학동아》, 《수학동아》 편집장을 역임했으며, 현재는 과학 콘텐츠 기획·제작사 〈동아에스앤씨〉의 편집위원으로 있다. 옮긴 책으로 『상대적으로 쉬운 상대성이론』, 『빛의 제국』, 『보이드』 등이 있고 지은 책으로는 『블랙홀』, 『재미있는 별자리와 우주 이야기』, 『재미있는 화산과 지진 이야기』 등이 있다.

# 한반도 하늘을 뒤덮은 미세먼지, 원인은 중국 때문일까?

몇 년 전만 해도 황사가 골칫거리였지만, 최근에는 미세먼지에 촉각을 곤두세우고 있다. 미세먼지가 한반도를 감싸 하늘이 뿌연 날이면 바깥나들이마저 꺼려지는 것이 현실이다. 그만큼 우리나라의 대기오염이 심각해졌다는 뜻이다. 2016년 5월 국무회의에서 박근혜 대통령이 나서서 미세먼지 문제를 해결하기 위한 특단의 대책을 촉구하기까지 했다. 그러자 6월에 '범부처 미세먼지 연구기획 위원회'가 출범했고, 8월에 개최된 2차 과학기술전략회의에서 발표한 '9대 국가전략 프로젝트'에 미세먼지 저감 전략이 포함됐다. 이 와중에 환경부에서는 고등어나 삼겹살을 구울 때도 다량의 미세먼지가 나온다는 주장이 제기됐고, 대기오염의 원인 중 하나로 알려진 경유차를 줄이기 위해 세금을 인상해서 경유값을 올려야 한다는 주장도 나왔다. 과연 미세먼지는 정체가 무

체가 무엇이고, 이를 줄이기 위해서는 어떻게 해야 할지에 대해 자세히 알아보자.

## 미세먼지 vs 초미세먼지

우리나라의 대기오염, 특히 미세먼지 문제는 얼마나 심각할까. 먼저 미국 예일대와 컬럼비아대 공동연구진이 2년마다 조사해 발표하는 '환경성과지수(EPI) 2016'을 살펴보면, 한국의 종합순위가 대폭 하락하는 결과가 나타났다. 2012년과 2014년에는 43위를 기록했지만, 2016년에는 80위까지 순위가 떨어진 것이다. 대기, 수질, 기후변화 등과 관련된 평가지표 20여 개의 점수를 환산해 순위를 정하는데, 100점 만점에 45점을 기록했다. 이는 아프리카 보츠와나, 남아프리카공화국과 비슷한 수준이라고 한다. 특히 한국은 미세먼지와 관련된 공기질 부문에서 180개국 중 173위에 올랐다. 거의 꼴찌 수준이다. 실제 한국의 미세먼지 농도는 세계보건기구(WHO) 권고 수준이나 주요 선진국과 비교하면 꽤 높은 수준이다. 2015년 기준으로 서울의 미세먼지(PM10) 연간 평균 농도는 $46\mu g/m^3$($\mu g$은 마이크로그램, $1\mu g$=100만분의 1g)를 기록

최근 3년간(2012~2014) 세계 주요 도시의 미세먼지 농도 비교

*우리나라는 황사 포함시 농도

했는데, 이는 WHO 권고 기준인 $25\mu g/m^3$의 2배에 육박하는 수치이다. 또 2014년 기준의 미국 로스앤젤레스 $29\mu g/m^3$, 프랑스 파리 $26\mu g/m^3$, 일본 도쿄 $21\mu g/m^3$, 영국 런던 $18\mu g/m^3$보다 2배가량 높다.

미세먼지란 지름이 $10\mu m$($\mu m$은 마이크로미터, $1\mu m$=100만분의 $1m$) 이하인 먼지를 말하는데, 해변의 고운 모래입자(지름 $90\mu m$)보다 더 작을 뿐 아니라 굵기가 사람 머리카락(지름 $50\sim70\mu m$)의 10분의 1 정도에 지나지 않는다. 미세먼지의 크기는 꽃가루, 곰팡이 등과 비슷하다.

미세먼지는 흔히 PM이라고 부르는데, 미세먼지를 뜻하는 영어 단어인 '입자상 물질(Particulate Matter)'에서 머리글자만 따온 것이다. 지름 $10\mu m$ 이하인 미세먼지는 PM10이라고 한다. 특히 지름이 $2.5\mu m$ 이하의 미세먼지는 초미세먼지로 분류하고, PM2.5라고 표현한다. 미세먼지의 농도(오염도)는 단위 부피($1m^3$)의 공기에 포함돼 있는 입자상 물질의 질량을 $\mu g$ 단위로 나타낸다. 2016년 수도권의 초미세먼지 농도 역시 WHO 권고 기준을 크게 넘어선 것으로 드러났다. 지난 9월 환경부가 국회에 제출한 '2015~2016년 6월 전국 초미세먼지(PM2.5) 현황' 국정감사 자료에 따르면, 2016년 6월 현재 수도권 초미세먼지 평균 농도가 서울 $28\mu g/m^3$, 인천 $29\mu g/m^3$, 경기 $30\mu g/m^3$로 평균 $29\mu g/m^3$을 기록했다. 이는 WHO 권고 기준인 연평균 농도 $10\mu g/m^3$의 2.9배에 이르는 수

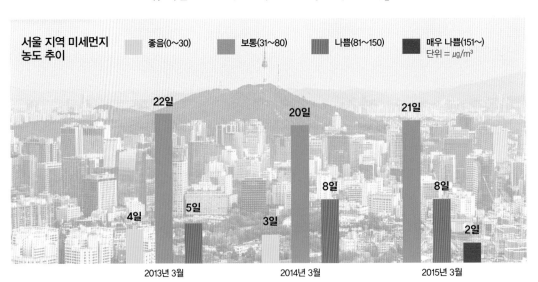

## 미세먼지 크기 비교

사람 머리카락
지름 50~70μm

PM2.5
입자 지름 < 2.5μm

PM10
입자 지름 < 10μm

해변의 고운 모래
입자 지름 90μm

© 미국환경보호청(EPA)

## 초미세먼지 구조

유해물질

중금속

2차 생성 황산염과 질산염

유기탄소

원소탄소

**초미세먼지란**
지름 2.50μm 이하의 눈에 보이지 않는 작은 입자. 폐 깊숙이 침투해 건강을 해치는 '침묵의 암살자'라 불린다.

**초미세먼지 발생은**
각종 생활 오염원(직화구이 등), 자동차 배기가스, 나무 연소, 장거리 이동을 통한 유입, 각종 산업 공장(석탄 연소 등), 대기 중 화학반응을 통한 2차 생성

고운 모래알 지름
90μm

사람 머리카락 굵기
50~70μm

미세먼지(먼지,
꽃가루 등) 10μm

치다. 전국 16개 시·도 모두 연평균 농도 $25μg/m^3$를 초과했고, 특히 전북은 WHO 권고 기준의 3.4배인 연평균 농도 $34μg/m^3$로 가장 높게 나타났다.

## 미세먼지, 중국의 영향은 얼마나?

해가 갈수록 미세먼지 문제가 심각해지고 있다. 2016년 봄에도 미세먼지로 골치가 아팠지만, 2014년 3월 갑작스러운 미세먼지의 습격으로 온 나라가 시끄러웠던 적이 있다. 뿌연 대기오염물질이 여러 날 수도권 하늘을 뒤덮었는데, 당시 전문가들은 수도권의 초미세먼지 중 40~80%가 중국에서 날아왔을 것이라고 추정했다. 특히 중국에서 황사나 심한 스모그가 발생했을 때 초미세먼지가 편서풍을 타고 한반도로 넘어온다.

황사는 몽골이나 중국 등에 있는 사막과 황토지대의 작은 모래, 황토, 먼지가 하늘을 떠다니다가 상층의 편서풍을 타고 멀리까지 날아가 떨어지는 현상이다. 주로 봄에 우리나라, 일본 등에 영향을 미친다. 한편 스모그는 미세먼지, 황산화물, 질소산화물 등의 대기오염물질이 혼합되어 안개가 낀 것처럼 대기가 뿌옇게 되는 현상을 말한다. 중국은

미세먼지로 뒤덮인
서울 도심 하늘

연료의 70%가량을 석탄에 의존하는데(중국통계연보, 2011), 석탄 사용이 늘어나는 겨울에 스모그가 자주 발생하고, 이것이 서풍이나 북서풍을 타고 우리나라로 날아온다. 환경부에서 발표한 자료에 따르면, 중국발(發) 황사, 스모그가 우리나라 대기오염에 미치는 영향은 카드뮴 50%, 비소 40%, 납 30%, 황산화물 29.7%, 미세먼지 30~50%, 초미세먼지 32~60%(중금속과 미세먼지의 경우 황사가 함께 발생했을 때의 비율)이다.

문제는 중국에서 정확히 얼마만큼의 미세먼지가 우리나라로 날아오는지 모른다는 것이다. 이를 밝히기 위해 한국과 미국의 과학자들이 이른바 '한미 협력 국내 대기질 공동조사 캠페인(KORUS-AQ)'이라는 프로젝트에 힘을 모으고 있다. 우리나라 국립환경과학원을 중심으로 정부출연연구기관과 대학 등 40여 개 연구팀이 미국항공우주국(NASA)과 협력해 동북아시아 일대의 대기오염원을 찾고 초미세먼지 생성 경로를 알아내려는 것이다. 이미 2015년 5월 18일부터 4주간 예비 관측활동에 나섰고, 2016년 5월 2일부터 6주간 본 연구활동을 진행했다. 서울 남산의 N서울타워에는 미국 해양대기청(NOAA)에서 들여온 원격측정장비 '아놀드(ARNOLD)'를 설치해 잔류층의 질소산화물과 오존을 조사했고,

대형항공기 DC-8도 미국에서 들여와 한반도 상공뿐 아니라 한국과 중
국 경계인 황해 위를 비행하며 오염물질 농도를 측정했다. 특히 잔류층
은 야간에 지표면에서 100~1000m 사이에 형성되는 공기가 안정한 층
으로, 오염물질이 야간에 잔류층으로 유입되면 다음 날 낮까지 머물러
있게 되는데, 아놀드를 해발고도 300m의 N서울타워에 설치해 놓으면
밤중에 잔류층에서 어떤 화학반응이 일어나는지 알 수 있고, 중국에서
날아오는 오염물질도 측정할 수 있다. 중국을 비롯한 동북아시아 일대
는 전 세계에서 초미세먼지가 가장 많이 발생하는 곳으로 알려져 있다.
하지만 어디서 얼마나 발생해 어디로 이동하는지 제대로 밝혀지지 않았
다. 오염물질은 태평양을 건너 미국 본토까지 날아가기도 하는데, 최대
배출원으로 추정되는 중국에서는 대기질 정보를 공개하지 않고 있다.
이 때문에 한미 협력 조사가 진행됐던 것이다.

## NASA 연구진, "한국 대기오염은 위험수준"

2016년 5월과 6월 우리 연구진이 NASA 연구진과 공동으로 실시
한 대기질 조사에는 DC-8을 포함한 항공기 3대가 투입됐고, 총 394시

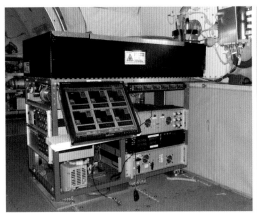
항공기에 실려 있는 대기 관측장치 '아놀드(ARNOLD)' © NOAA

NASA(미국항공우주국)의 항공기 DC-8. 대기오염물질을 측정하는 '하늘의 실험실'이다. © NASA

간의 비행 동안 NASA의 분석장비를 활용해 수도권을 중심으로 내륙과 서해안의 대기오염물질을 측정했다. 이 조사에 참여한 NASA 연구원들은 "한국 상공의 미세먼지가 미국보다는 심각하고 중국보다는 낫다"고 말했지만, "한국의 대기오염이 위험수준"이라고 밝혔다. 미세먼지 수준이 '좋음'인 날에도 상공에 먼지띠가 뚜렷하게 관측됐기 때문이다. 특히 서울 상공의 공기질이 나빴는데, 서울에서 경기로만 벗어나도 대기오염 농도가 낮아졌다. 결국 우리나라의 미세먼지는 중국에서 날아온 것도 있지만, 국내에서 자체적으로 생성된 것도 적지 않다는 뜻이다. 사실 미세먼지는 화력발전소 같은 곳에서 석탄 등의 화석 연료를 연소시킬 때나 공장 배출가스, 자동차 배기가스(매연) 등을 통해 주로 발생된다. 먼저 자동차, 건설기계 등에서 미세먼지가 많이 나온다. 자동차 연료인 석유가 연소할 때 석유의 탄소 성분이 그을음 형태로 나오는 미세먼지(1차 미세먼지)도 있지만, 배기가스 속 화학물질(질소산화물)이 대기 중의 다른 물질과 만나 미세먼지(2차 미세먼지)로 변신하기도 한다. 특히 정부에서는 노후된 경유차를 수도권 미세먼지의 주요 발생원이라고 지목하기도 했다. 휘발유차보다 노후된 경유차가 질소산화물을 10배 넘게 배출하기 때문이다. 그 이유는 엔진의 차이에서 온다. 휘발유 엔진에는 점화플러그가 있어 압력을 크게 높이지 않아도 연소가 잘되는 반면, 경유차는 점화플러그가 없어 더 강한 압력을 줘야 하는데, 질소산화물은 고온, 고압에서 더 많이 생성된다. 물론 이런 질소산화물이 미세먼지가 되려면 대기 중에서 자외선이나 유기물질과 반응해야 한다.

하지만 문제는 휘발유차든 경유차든 자동차가 도로 위를 달릴 때 마찰을 일으켜 타이어가 마모되면서 초미세먼지가 발생하는데, 타이어 마모에 의해 생긴 미세먼지가 오히려 배기가스에서 나온 미세먼지보다 더 많다는 점이다. 환경부의 발표에 따르면, 2012년 전국 모든 자동차에서 배출된 미세먼지(PM10)는 총 배출량의 6%인 1만 4000t(톤)에 불과했으나, 타이어 마모 등의 원인 때문에 도로에 있다가 날아오른 미세먼지는 이 양의 8배가 넘는다. 이런 사실을 감안한다면 경유차만 미세먼지의 주범이라고 말할 수 없는 셈이다. 한국의 자동차 보유대수는 2014년 기준으로 세계 15번째를 기록할 정도로 많기 때문이다.

미세먼지는 자동차 배기가스(매연), 공장 배출가스 등을 통해 주로 발생된다.

논란거리가 되고 있는 또 하나의 미세먼지 배출원은 석탄 화력발전소다. 우리나라는 중국, 인도, 일본에 이어 세계 4번째로 석탄을 많이 수입하는 국가인데, 석탄 화력발전소에서 만드는 전기가 총 전력 생산량의 40% 정도를 차지한다. 석탄 화력발전은 연료비가 저렴해 경제성이 높지만 미세먼지를 많이 배출하는 것이 단점이다. 석탄 화력발전소에서 직접 배출하는 1차 초미세먼지는 전체의 3.4%에 불과하지만, 발전과정에서 나오는 질소산화물, 이산화황과 같은 오염물질이 공기 중에서 화학반응을 일으켜 2차 초미세먼지를 생성하기 때문에 문제가 심각하다. NASA 연구진을 포함한 한미 공동연구진도 정유시설이나 석탄 화력발전소 밀집지역에서 '2차 미세먼지'를 분석하는 데 무게를 두었다. 연구진은 2차 미세먼지의 원인물질인 이산화질소와 아황산가스(이산화황) 등을 중점적으로 측정했는데, 석탄 화력발전소가 집중돼 있는 충남 당진, 태안, 보령, 서천 지역에서 측정한 아황산가스의 수치가 서울 상공에서의 아황산가스 수치보다 최대 2배 이상 높았다. 예비조사 결과에 따르면 정유시설이나 화력발전소 부근에 미세먼지가 많이 분포해 있었다. 이 조사의 정확한 분석결과는 2017년 6월쯤 공개될 예정이다.

　　2차 미세먼지가 중요한 이유는 수도권에서만 보더라도 그 비중이 전체 초미세먼지(PM2.5) 발생량의 약 3분의 2를 차지할 만큼 매우 높기 때문이다. 2차 초미세먼지는 석탄, 석유 등 화석연료가 연소되는 과정에서 나오는 황산화물이 대기 중의 수증기, 암모니아와 결합하거나, 자동차 배기가스에서 나오는 질소산화물이 대기 중의 수증기, 오존, 암모니아 등과 결합하는 화학반응을 통해 생성된다고 알려져 있다.

## 우리나라 대기오염 현황

　　2014년 12월 현재 우리나라에 있는 대기오염 측정소는 506곳이다. 환경부가 148곳, 지방자치단체가 358곳의 측정소를 각각 운영한다. 이곳에서는 미세먼지와 초미세먼지의 질량 농도만을 실시간으로 측정하고 정보를 제공한다. 506곳의 대기오염 측정소 중에서 6곳의 대기오염 집중측정소에서만 미세먼지에 포함된 구성성분을 실시간으

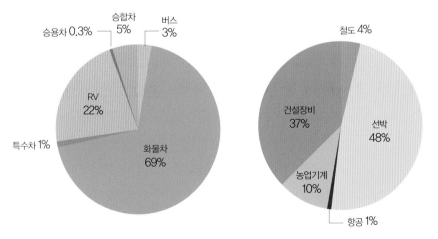

**이동오염원별 미세먼지 배출량**

2012년 PM2.5 도로 배출량(1만 1932t)　　　　2012년 PM2.5 비도로 배출량(1만 3186t)

로 측정하고 있다. 나머지 측정소에서는 대기오염물질 포집장치를 통해 오염물질을 수집한 뒤 구성성분을 분석한다. 전국 6개 주요 지역에서 측정된 미세먼지 구성 성분의 비율을 보면, 대기오염물질이 공기 중에서 반응해 형성된 덩어리인 황산염, 질산염 등이 58.3%로 가장 많고, 석탄, 석유 등 화석연료를 태우는 과정에서 생기는 탄소류와 검댕이 16.8%, 지표면 흙먼지 등에서 발생하는 광물이 6.3%를 차지하는 것으로 나타났다. 또한 초미세먼지의 구조를 살펴보면, 가운데 원소 상태의 탄소, 유기탄소와 같은 탄소류를 2차 생성물인 황산염과 질산염, 중금속, 유해물질이 감싸고 있다. 우리나라에서 배출되는 대기오염물질 중에서 미세먼지와 초미세먼지가 차지하는 비중은 얼마나 될까. 2012년 국립환경과학원이 조사한 대기오염물질 배출량 통계자료에 따르면, 질소산화물($NO_x$)이 104만 214t(29.3%)으로 가장 많은 비중을 차지했고, 미세먼지(PM10)는 13만 1176t(3.7%), 초미세먼지(PM2.5)는 8만 1793t(2.3%)을 각각 기록했다. 나머지는 휘발성 유기화합물(VOCs)이 87만 3108t(24.6%), 일산화탄소(CO)가 71만 8345t(20.2%), 황산화물

**배출원별 미세먼지 배출량**

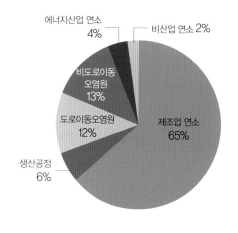

2012년 PM10 배출량(11만 9980t)

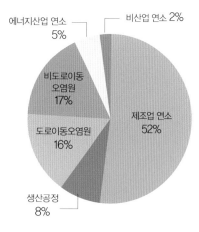

2012년 PM2.5 배출량(7만 6287t)

(SO$_x$)이 43만 3959t(12.2%), 암모니아(NH$_3$)가 27만 6415t(7.8%)을 차지했다. 이 통계자료에는 미세먼지(PM10) 발생원별 비율과 초미세먼지(PM2.5) 발생원별 비율도 밝혀져 있다. 미세먼지의 경우 제조업 연소가 65%로 가장 높은 비율을 차지했고 배나 항공기 같은 비도로이동오염원 13%, 도로이동오염원 12%, 생산공정 6%, 에너지산업 연소(화력발전소 포함) 4%, 비산업 연소 2% 순으로 나타났다. 초미세먼지의 발생원별 비율은 제조업 연소 52%, 비도로이동오염원 17%, 도로이동오염원 16%, 생산공정 8%, 에너지산업 연소 5%, 비산업 연소 2% 순으로 드러났다. 특히 미세먼지나 초미세먼지 발생원별 비율을 보면 에너지산업 연소보다 제조업 연소가 더 높았고, 비도로이동오염원과 도로이동오염원은 미세먼지에서 차지하는 비율보다 초미세먼지에서 차지하는 비율이 더 높았다.

한편 환경부는 질소산화물인 이산화질소(NO$_2$)와 황산화물인 이산화황(SO$_2$)이 초미세먼지 농도 상승에 큰 영향을 미치는 것으로 파악했다. 더구나 한국과 중국, 일본의 공동 연구 결과, 우리나라 대기 중 질소산화물의 40% 정도, 황산화물의 30% 정도가 중국 등 다른 나라에서 이동해온 것으로 추정되며, 미세먼지에 대한 중국의 영향은 황사 등에 의해 30~50%로 추정되고 있다.

## 배출원마다 미세먼지의 모양과 크기 달라

미세먼지는 맨눈으로 분간하기 힘들지만 현미경으로 들여다보면 배출원마다 모양과 크기가 천차만별이다. 미세먼지마다 일종의 지문(指紋)이 다른 셈이다. 광주과학기술원(GIST)에는 미래창조과학부 산하 초미세먼지피해저감사업단이 자리 잡고 있는데, 이곳에서는 2014년부터 2016년까지 서로 다른 미세먼지 20여 종을 현미경 사진으로 찍었다. 사업단에서는 마른 은행잎과 소나무 가지, 무연탄을 직접 태워서 미세먼지를 포집하고, 직접 얻기 힘든 차량 배기가스는 자동차사업소에서 포집해 가져왔다. 그런 다음 다양한 미세먼지를 현미경으로 들여다봤다. 중국발 황사 입자는 크기가 $4\mu m$ 수준인 반면, 자동차 배기가스 미세먼지와 농작물 연소 입자는 크기가 $0.3\sim0.6\mu m$에 불과하다. 자동차 배기가스에서 배출되는 미세먼지가 황사 입자보다 훨씬 작은 것이다. 크기뿐 아니라 모양도 다르다. 중국발 황사 입자는 조약돌 모양인 데 비해 자동차 배기가스에서 나오는 미세먼지는 수많은 구슬이 사슬처럼 엮여 있는 형태다. 사업단에 따르면, 사람의 지문 데이터베이스가 있어야 범인을 잡을 수 있듯이 배출원에 따라 서로 다른 미세먼지 분석 자료가 있어야 배출원을 역추적해 밝힐 수 있다. 사업단이 확보한 미세먼지 자료는 은행잎, 석유 등이 타면서 우선적으로 생겨난 1차 미세먼지다. 또 1차 미세먼지 발생 과정에서 대기 중으로 나오는 기체들이 화학 결합을 통해 2차 미세먼지를 만들어낸다. 1차 미세먼지에 비해 2차 미세먼지는 아직까지 연구가 부족하다. 대표적인 2차 미세먼지인 황산암모늄은 그나마 발생과정이 알려져 있다. 경유차에서 나오는 질소산화물($NO_x$)이 공기 중의 암모니아와 화학적으로 결합해 황산암모늄이 만들어진다고 말이다. 음전하를 띤 질소산화물과 양전하를 띤 암모니아가 만나 결합하는 것이다. 또 벤젠, 톨루엔 등 휘발성유기화합물(VOCs)은 2차 미세먼지의 원인 물질로 추정되지만, 종류가 많고 다양해 2차 미세먼지 형성과정이 알려지지 않은 경우가 더 많다.

    미세먼지가 어떤 반응을 거쳐 생성되는지 정확히 파악하기 위해 NASA의 원격측정장비(판도라)가 동원되고 있다. 휘발성유기화합물, 이산화질소, 이산화황 등이 어떤 반응을 통해 미세먼지를 형성하는지를 알아내는 것이다. 그런데 미세먼지가 고체인 반면, 전(前) 단계 물질은 기체라 눈에 보이지 않고, 크기도 마이크로미터 수준인 미세먼지에 비해 1000분의 1 정도로 작다. 반응경로 역시 복잡해 수백 가지 성분을 동시에 측정해야 한다. 연세대 옥상에 설치된 NASA의 판도라가 이런 기체를 포착할 수 있다. 판도라는 일정한 시간마다 자동으로 움직이며 대기 중의 물질 농도를 측정하는데, 기체가 성분별로 특정 파장의 빛만 흡수한다는 특성을 이용해 대기의 기체 성분별 농도를 파악한다. 판도라의 각도를 바꿔가며 고도별로 농도를 측정할 수도 있다. 햇빛(자외선)도 2차 미세먼지 발생과정에서 중요한 작용을 한다. 햇빛에 의한 광화학반응은 2차 미세먼지 발생을 촉진하는 것으로 알려져 있다. 초미세먼지피해저감사업단은 광화학 체임버(chamber)를 보유하고 있는 미국 플로리다대와 공동으로 이 과정을 연구하고 있다.

## 환경부, 미세먼지 농도 단계별로 구분

환경부는 1995년 1월부터 지름 10㎛ 이하의 미세먼지(PM10)를 새로운 대기오염 물질로 규제해 왔으며, 2015년 1월부터 지름 2.5㎛ 이하의 초미세먼지(PM2.5)에 대한 규제를 시작했다. 「환경정책기본법 시행령」에 따른 미세먼지(PM10)의 대기환경 기준은 24시간 평균 $100\mu g/m^3$ 이하이며, 1년 평균 $50\mu g/m^3$ 이하이다. 또 2015년 1월부터 시행된 대기환경 기준에 따르면, 초미세먼지의 대기환경 기준은 24시간 평균 $50\mu g/m^3$ 이하이며, 1년 평균 $25\mu g/m^3$ 이하이다. 이 환경기준은 WHO가 제시한 '2단계 잠정목표'를 채택한 것이다. 사실 우리나라는 2013년 7월 근거 법률을 마련해 미세먼지 국가 예보제를 도입했다. 서울, 경기 등 8개 시·도에 예보모델만 보급·지원하던 방식을 개선해 환경부 장관이 전국 예보를 하는 방식으로 전환한 것이다. 그해 8월부터 미세먼지(PM10)에 대한 시범 예보를 시작해 2014년 2월 전면 시행했으며, 초미세먼지(PM2.5)는 2014년 시범예보를 거쳐 2015년부터 전면 시행했다. 현재 미세먼지 예보는 전국 16개 시·도로 나눠 시행하고 있는데, 앞으로는 227개 시·군·구 단위로 세분화해 추진할 예정이다. 환경부는 미세먼지 농도를 단계별로 구분했고 미세먼지 예보 등급에 따라 행동요령도 만들었다. 처음에 미세먼지 농도를 '좋음($0\sim30\mu g/m^3$)', '보통($31\sim80\mu g/m^3$)', '약간 나쁨($81\sim120\mu g/m^3$)', '나쁨($121\sim200\mu g/m^3$)', '매우 나쁨($201\sim300\mu g/m^3$)', '위험($301\mu g/m^3$ 이상)' 총 6단계로 나눴다가 현재는 '좋음', '보통', '나쁨',

‘매우 나쁨’의 4단계로 구분해 예보하고 있다. ‘나쁨’일 때는 특히 호흡기 질환자, 심장질환자, 노약자는 무리한 야외 활동을 자제하는 것이 좋고 일반인도 장시간의 무리한 야외 활동을 자제해야 한다. ‘매우 나쁨’일 때는 노약자의 야외 활동을 제한하고 일반인은 야외 활동을 자제하는 것이 좋다. 또한 현재 미세먼지 주의보는 미세먼지 농도가 $150\mu g/m^3$ 이상이거나 초미세먼지 농도가 $90\mu g/m^3$ 이상인 상태가 2시간 지속될 때, 미세먼지 경보는 미세먼지 농도가 $300\mu g/m^3$ 이상이거나 초미세먼지 농도가 $180\mu g/m^3$ 이상인 상황이 2시간 지속될 때 발령된다. 미세먼지 주의보가 발령되면 등하교 시간을 조정하고, 미세먼지 경보가 발령되면 각급 학교에서는 휴업을 한다.

미세먼지에 대처하는 방법에는 어떤 것이 있을까. 먼저 미세먼지 상태가 나쁠 것으로 예측될 때는 야외 활동을 자제하는 것이 우선이다. ‘나쁨’ 단계부터는 호흡기 질환자, 심장질환자, 노약자가 직접 영향을 받기 때문에 외출하지 않는 것이 가장 좋다. 또 미세먼지 농도가 높을 것으로 예측된다면 집 안의 문을 닫아 미세먼지가 들어오는 것을 막아야 한다. 실내에서는 너무 건조하지 않도록 습기를 유지하고 공기청정기를 사용하는 것도 좋다. 부득이하게 외출해야 한다면 황사방지용 마스크를 쓰는 것이 좋다. 식약청의 허가를 받은 황사방지용 마스크는 크기가 평균 $0.6\mu m$인 미세입자를 80% 이상 차단할 수 있다. 황사방지용

**먼지에 대한 환경 기준 변화**

| 항목 | 구분 | | | | | |
|---|---|---|---|---|---|---|
| | 1983 | 1991 | 1993 | 2001 | 2007 | 2011 |
| 총먼지<br>($\mu g/m^3$) | $150\mu g/m^3$(연)<br>$300\mu g/m^3$(일) | $150\mu g/m^3$(연)<br>$300\mu g/m^3$(일) | $150\mu g/m^3$(연)<br>$300\mu g/m^3$(일) | (삭제) | – | – |
| 미세먼지<br>(PM10) | – | – | $80\mu g/m^3$(연)<br>$150\mu g/m^3$(일) | $70\mu g/m^3$(연)<br>$150\mu g/m^3$(일) | $50\mu g/m^3$(연)<br>$100\mu g/m^3$(일) | $50\mu g/m^3$(연)<br>$100\mu g/m^3$(일) |
| 초미세먼지<br>(PM2.5) | – | – | – | – | | $25\mu g/m^3$(연)<br>$50\mu g/m^3$(일) |

## 미세먼지 예보 기준과 시민행동 요령

| 예보 내용 | | 등급 | | | |
|---|---|---|---|---|---|
| | | 좋음 | 보통 | 나쁨 | 매우 나쁨 |
| 예보 물질 | 미세먼지(PM10) | 0~30 | 31~80 | 81~150 | 151 이상 |
| | 초미세먼지(PM2.5) | 0~15 | 16~50 | 51~100 | 101 이상 |
| 행동 요령 | 민감군 | – | 실외활동 시 특별히 행동에 제약을 받을 필요는 없지만 몸 상태에 따라 유의해 활동. | 장기간의 실외활동 또는 무리한 실외활동 제한. 특히 천식을 앓고 있는 사람이 실외에 있는 경우 흡입기를 더 자주 사용할 필요가 있음. | 가급적 실내활동만 함. 실외활동 시 의사와 상의. |
| | 일반인 | – | – | 장기간의 실외활동 또는 무리한 실외활동 제한. 특히 눈이 아픈 증상이 있거나 기침이나 목 통증으로 불편한 사람은 실외활동을 피해야 함. | 장기간의 실외활동 또는 무리한 실외활동 제한. 목 통증, 기침 등의 증상이 있는 사람은 실외활동을 피해야 함. |

* 미세먼지 예보 등급은 PM10과 PM2.5 중 높은 등급을 기준으로 발표
* 민감군: 어린이, 노인, 천식 같은 폐질환, 심장질환을 앓고 있는 환자

마스크는 일반 마스크보다 틈이 더 작아 미세먼지를 잘 걸러낼 수 있다. 하지만 황사방지용 마스크는 세탁하면 모양이 변형되어 기능을 유지할 수 없기 때문에 재사용하지 않는 것이 좋다. 또 미세먼지가 많은 날 콘택트렌즈를 낀 사람은 눈이 더 건조해져서 충혈, 가려움증이 나타날 수 있으니 주의해야 한다. 물을 자주 마시는 것도 미세먼지에 대처하는 좋은 방법이다.

최근 초미세먼지피해저감사업단에서는 재사용이 가능한 황사방지용 마스크를 개발해 시제품 제작도 끝냈다. 기존의 황사방지용 마스크는 크기가 $0.6\mu m$보다 큰 미세먼지를 거를 수 있지만, 사업단에서 개발한 마스크는 기존의 절반 크기인 $0.3\mu m$ 미세먼지도 걸러낼 수 있다. 기존 마스크는 정전기로 미세먼지를 거르는 방식이라 세탁하면 재사용할 수 없었지만, 사업단의 마스크는 나노 소재로 만들어 재사용이 가능하다. 사업단의 목표는 마스크의 필터 크기를 미세먼지 대부분을 거를 수 있는 $0.02\mu m$로 줄이는 것이다.

## 1급 발암물질, 폐뿐 아니라 피부, 심혈관, 뇌 등에 영향

　　미세먼지는 눈에 보이지 않을 정도로 작아서 여기저기 침투하기 쉽다. 이 때문에 많은 문제가 발생한다. 예를 들어 식물의 기공을 막게 되면 식물은 광합성을 제대로 하지 못해 생장에 문제가 나타난다. 또 섬유의 작은 틈에 박히면 특수재질의 옷, 마스크, 모자를 착용하고 에어샤워기를 통과한다고 해도 미세먼지는 완전히 제거되지 않아 반도체, 디스플레이, 자동차 엔진과 같은 정밀제품에 불량이 생긴다.

　　무엇보다도 미세먼지는 사람의 몸속, 특히 폐 속 깊이 침투해 건강에 악영향을 끼친다. 미세먼지는 입자가 작을수록 건강에 미치는 영향이 크다. 미세할수록 공기를 들이마실 때 미세먼지가 코털이나 기관지 섬모에 걸리지 않고 폐포(허파 꽈리)까지 직접 침투하기 때문이다. 오랫동안 미세먼지에 노출되면, 면역력이 떨어져 감기, 천식, 기관지염, 폐암 같은 호흡기 질환뿐 아니라 피부질환, 심혈관 질환 등 여러 질병에 걸릴 수 있다. 미세먼지가 몸에 쌓이면 산소 교환을 어렵게 만들어 병을 악화시키기도 한다. 세계보건기구(WHO) 산하 국제암연구소(IARC)는 2013년 미세먼지를 1급 발암물질로 지정했다. 이는 대기오염과 건강영향에 관한 세계 각국의 연구논문과 보고서 1000여 편을 정밀하게 검토한 결과 내린 결론이다. 예를 들어 2013년 8월 덴마크 암학회 연구센터에서는 유럽 9개국 30만 명의 건강자료와 2095명의 암 환자 진료기록을 바탕으로 미세먼지와 암 발병률을 연구한 논문을 영국의 의학전문지 '랜싯'에 발표했다. 이에 따르면 미세먼지 농도가 $10\mu g/m^3$ 상승할 때마다 폐암 발생 위험이 22% 증가했고, 초미세먼지 농도가 $5\mu g/m^3$ 늘어날 때마다 폐암 발생 위험은 18% 높아졌다.

　　미세먼지는 폐기능을 악화시킨다. 고려대 연구진이 서울 지역 노인들을 대상으로 조사한 결과, 미세먼지가 증가할수록 노인들의 폐기능이 저하됐다. 노인들이 최대로 내뿜을 수 있는 호흡의 양은 1분 기준으로 환산할 때 대개 300L 정도가 되는데, 미세먼지가 $10\mu g/m^3$ 증가하면

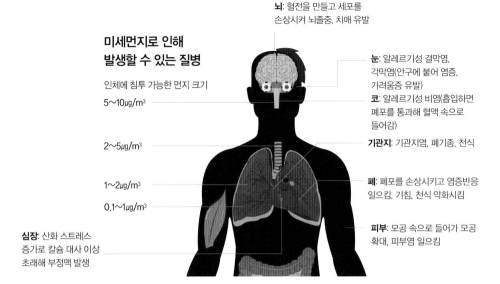

**미세먼지로 인해
발생할 수 있는 질병**

인체에 침투 가능한 먼지 크기

5~10μg/m³

2~5μg/m³

1~2μg/m³

0.1~1μg/m³

**뇌**: 혈전을 만들고 세포를
손상시켜 뇌졸중, 치매 유발

**눈**: 알레르기성 결막염,
각막염(안구에 붙어 염증,
가려움증 유발)

**코**: 알레르기성 비염(흡입하면
폐포를 통과해 혈액 속으로
들어감)

**기관지**: 기관지염, 폐기종, 천식

**폐**: 폐포를 손상시키고 염증반응
일으킴, 기침, 천식 악화시킴

**피부**: 모공 속으로 들어가 모공
확대, 피부염 일으킴

**심장**: 산화 스트레스
증가로 칼슘 대사 이상
초래해 부정맥 발생

호흡량이 3.56L 줄고 초미세먼지가 10μg/m³ 늘어나면 4.73L 줄었다.
미국 서던캘리포니아대 연구진이 12개 지역의 아동 1700명을 조사한
결과, 미세먼지 농도가 높은 지역에서 태어난 아이들은 폐활량이 떨어
지는 '폐기능 장애'를 겪을 가능성이 다른 지역 아동보다 5배 정도 큰 것
으로 밝혀졌다. 또 국내 대기오염 측정 자료와 건강보험공단의 심혈관
질환 발생 건수 등을 종합해 보면, 초미세먼지의 농도가 10μg/m³ 높아
질 때 심혈관 질환 때문에 입원한 환자 수가 전체 연령에서 1.18% 증가
하고 65세 이상에서는 2.19% 늘었다. 미국 암학회의 자료에서도 초미
세먼지 농도가 10μg/m³ 늘어나면 심혈관 질환자와 호흡기 질환자의 사
망률이 높아지는 것으로 드러났다.

조기사망 위험도 커졌다. 네덜란드 위트레흐트대 연구진이 서유럽
13개국 36만 7000명의 건강 자료를 분석해 '랜싯'에 발표한 논문에 따르
면, 초미세먼지 농도가 5μg/m³ 높아질 때마다 조기사망 확률이 7%씩 증
가했다. 미세먼지는 출산에도 영향을 미친다. 이화여대 병원 연구진이
임신부 1500명을 4년간 추적해 조사한 결과, 미세먼지 농도가 10μg/m³
상승할 경우 기형아 출산율이 최대 16%나 높아진 것으로 밝혀졌다. 또
저체중아 출산율과 조산·사산율도 각각 7%와 8%씩 높아졌다.

미세먼지가 치매와 관련될 수 있다는 외국의 연구결과도 나왔다.

미세먼지 농도가 높은 곳에 사는 사람일수록 뇌 인지 기능의 퇴화 속도가 빠르게 나타났다는 것이다. 전문가에 따르면 초미세먼지가 혈관을 타고 들어가서 뇌에서는 치매, 심장에서는 동맥경화증을 일으킬 수 있다. 2016년 9월 초 영국 랭커스터대 연구진은 대기오염 지역에 거주했던 치매환자 37명의 뇌에서 미세먼지에 포함된 금속 나노입자를 다량으로 발견하기도 했다. 이는 미세먼지가 치매를 유발할 수도 있다는 연구결과로 주목받았다. 한국환경정책평가연구원이 2013년 초에 발간한 '초미세먼지의 건강영향 평가 및 관리정책 연구' 보고서에 따르면, 서울 지역에서 미세먼지 일평균농도가 $10\mu g/m^3$만큼 높아지면 사망발생위험이 0.44% 증가하고, 초미세먼지 농도가 $10\mu g/m^3$ 늘어나면 사망발생위험이 0.95% 증가한다. 또 2015년 3월 국제환경단체 '그린피스'가 발표한 연구결과에 따르면, 한국에서 가동 중인 석탄 화력발전소 53기에서 배

## 고등어와 삼겹살, 그리고 미세먼지

한때 환경부는 밀폐된 공간에서 고등어를 구우면 1m³당 2290㎍, 삼겹살을 구우면 1360㎍의 초미세먼지가 배출되며, 이는 평소 미세먼지 농도를 훌쩍 뛰어넘는 수치라고 주장했다. 하지만 이는 논점이 빗나간 주장이었다. 고등어나 삼겹살뿐 아니라 어떤 음식이든 구울 때처럼 열원이 닿게 조리할 때는 연기와 미세먼지가 발생한다. 결국 고등어와 삼겹살이 아니라 조리법이 문제를 일으킨다는 뜻이다. 특히 조리 시 환기가 제대로 되지 않는 환경에서는 미세먼지 농도가 높아져 심각한 폐손상을 입을 수 있다. 따라서 조리 시에는 반드시 환기 후드를 켜거나 창문을 열어야 한다.

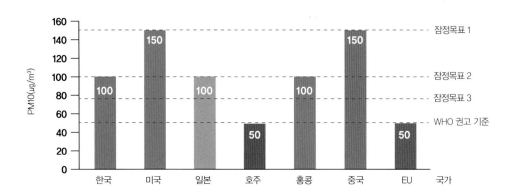

**WHO와 주요 국가들의 PM10 일 평균 기준**

## 미세먼지에 대한 WHO 권고 기준과 잠정 목표

| 구분 | PM2.5($\mu g/m^3$) | | PM10($\mu g/m^3$) | | 각 단계별 연평균 기준 설정 시 건강 영향 |
|---|---|---|---|---|---|
| | 연평균 | 일평균 | 연평균 | 일평균 | |
| 잠정목표1 | 35 | 75 | 70 | 150 | 권고기준에 비해 사망 위험률이 약 15% 증가 수준 |
| 잠정목표2 | 25 | 50 | 50 | 100 | 잠정목표1보다 약 6%(2~11%)의 사망 위험률 감소 |
| 잠정목표3 | 15 | 37.5 | 30 | 75 | 잠정목표2보다 약 6%(2~11%)의 사망 위험률 감소 |
| 잠정목표4 | 10 | 25 | 20 | 50 | 심폐질환과 폐암에 의한 사망률 증가가 최저 수준 |

*현재 우리나라는 '잠정목표2' 채택

출하는 초미세먼지 때문에 매년 최대 1600명에 이르는 조기사망자가 발생하는 것으로 나타났다. 2016년 OECD(경제협력개발기구)는 '대기오염의 경제적 결과' 보고서를 통해 2060년이면 대기오염으로 인해 전 세계에서 연 900만 명에 가까운 사망자가 발생할 것으로 추정했다. 한국의 경우 2010년 기준으로는 대기오염 사망자수가 영국, 프랑스, 일본 등 주요 국가보다 낮지만 지금부터라도 적극적으로 대기오염 대책을 세우지 않는다면, 2060년에는 OECD 회원국 중에서 미세먼지 사망률 1위 국가가 될 것이라고 발표했다.

## 현재 예보의 40% 빗나가

　　미세먼지에 대한 정보는 한국환경공단에서 운영하는 에어코리아 홈페이지(www.airkorea.or.kr)에 들어가면 확인할 수 있다. 전국 97개 시·군에 설치된 317개의 측정소에서 측정된 대기환경 기준 물질(이산화황, 일산화탄소, 이산화질소, 오존, 미세먼지, 초미세먼지)의 자료를 바탕으로 한 실시간 대기정보(농도 분포도), 통합환경대기지수와 함께 대기질 예보(미세먼지 예보)도 살펴볼 수 있다. 대기정보, 대기질 예보 등과 관련된 정보는 모바일 앱 '우리동네 대기질'을 이용해 스마트폰으로도 확인할 수 있다. 문제는 미세먼지 예보 중 40%가 빗나가는 상황이라는 것이다. 예를 들어 미세먼지 예측기관인 국립환경과학원은 2013년 12월부터 2014년 1월까지 미세먼지 예보가 틀려서 언론의 비난을 받기도 했다. 2013년 12월 5일 수도권 미세먼지 농도가 점차 줄어들 것이라고 전망했지만, 서울에 사상 처음으로 초미세먼지 주의보가 내려지기도 했고, 2014년 1월 1일에는 서해안과 일부 내륙지역에 황사가 덮치는 것을 전혀 예측하지 못했다. 현재 우리나라 미세먼지 예측기술은 상당히 떨어진다. 전문적인 미세먼지 예보관이 없고 예측모델의 정확도가 낮다. 미세먼지 측정망도 문제다. 300여 개의 측정소가 대도시, 육상에 집중돼 있어서 해상, 상층고도 등에 관측 공백이 많기 때문이다. 다행히 최근 이런 문제를 해결하기 위한 움직임이 나타나고 있다.

　　2016년 6월 출범한 '범부처 미세먼지 연구기획위원회'는 차량, 드론 등에 적합한 초소형·초경량 정밀센서를 개발해 미세먼지 관측정보를 실시간으로 제공할 계획이다. 미세먼지 예보 정확도를 높이기 위해 12명으로 이루어진 예보 전담팀도 만들었다. 또 현재는 미국에서 개발한 대기환경 예보모델 CMAQ를 활용하다 보니 예측 정확도가 낮아서 한국형 미세먼지 예보모델을 개발하겠다고 밝혔다. 2020년까지 지상·상층·해양 등 3차원 입체분석을 통해 고농도 단계 예보 정확도 75%를 달성하고, 2023년까지는 인공지능 기법을 이용해 일주일 단위의 중장

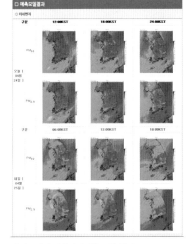

에어코리아 미세먼지 예측모델 결과
(2016년 4월 24일과 25일)

기예보 체계를 구축하는 것을 목표로 삼고 있다.

## 미세먼지를 막기 위한 국내외 대책

정부는 미세먼지를 줄이기 위해 여러 가지 대책을 마련하고 있다. 먼저 수도권 미세먼지의 주요 발생원으로 지목된 노후 경유차는 운행이 금지되고 조기에 퇴출된다. 2005년 이전 등록된 노후 경유차는 2017년부터 서울시에서 운행이 전면적으로 금지되고 2018년부터는 인천과 경기도 17개 시에서, 2020년에는 수도권 전역에서 운행 금지가 확대된다. 노후 경유차를 운행하다 적발되면 한 번에 20만 원, 최대 200만 원까지 과태료가 부과된다. 이 조치로 2020년까지는 현재보다 초미세먼지가 28% 정도까지 줄어들 것으로 예상된다.

서울의 대기질을 10년 안에 선진국 도시 수준으로 개선한다는 목표하에 정부는 2017년 환경 예산을 미세먼지 줄이기에 대거 투입한다. 먼저 경유차를 조기에 퇴출시키기 위해 2017년에는 2016년보다 58% 늘어난 482억 원(6만 대)을 폐차 지원에 사용한다. 아울러 전기자동차 보급 예산도 2016년보다 78% 많은 2643억 원으로 대폭 늘렸으며, 하이브리드차 보급 예산은 13%, 수소자동차 보급 예산은 300% 이상 높였다. 중국발 미세먼지 대책과 관련해서는 한시적으로 진행했던 한중 미세먼지 저감 실증 협력사업을 1년 연장하기로 하고, 2017년에 100억 원의 예산을 책정했다. 아울러 초미세먼지(PM2.5) 측정망을 확충하기 위한 예산은 12억 원(82개소)으로 150% 이상 늘렸고, 노후 장비를 교체하기 위한 예산도 32억 원(43개소)으로 100% 증액했다.

경기도는 미세먼지 배출을 대폭 줄이는 '경기도 알프스 프로젝트'를 추진한다. 2015년 연간 4400t(PM10 기준)의 미세먼지 배출량을 2020년까지 3분의 1 수준인 연간 1500t으로 감축해 알프스 수준으로 낮추겠다는 것이다. 먼저 수도권에서 발생하는 미세먼지 주요 원인으로 곳곳에 흩어져 있는 산업시설을 지목했다(이는 정부에서 수도권 미세먼지 주요 발생원으로 경유차를 꼽은 것과 다른 것이다). 이에 경기도 내 1200개 영세공장의 노후 대기오염 방지시설을 개선하고, 2020년까지 320억 원의 예산을 투입해 800개 영세사업장의 노후방지시설을 전면적으로 교체할 방침이다. 또 휘발성유기화합물(VOCs)을 유발하는 화학제품 제조업, 유증기(oil mist) 형태의 백연(white plume)을 발생시키는 섬유 및 염색업 등을 하는 사업장 400개에 320억 원을 투입해 오염방지시설도 설치한다. 드론 9대를 도입해 공장지대를 오가며 대기오염 정도를 측정하거나 오염물질을 채취하고 분석할 계획이다.

화력발전소

아울러 경기도는 친환경 교통 인프라 구축도 추진한다. 2020년까지 전기자동차를 5만 대 보급하고 이에 필요한 급속충전소를 현재 56곳의 10배인 560곳으로 확대할 계획이다. 통행량이 많은 200개의 버스정류장에는 공기정화시설 등을 설치해 정류장 내 미세먼지 농도를 현재의 50% 이하로 떨어뜨릴 예정이다.

충청남도도 2020년까지 5개년에 걸쳐 강도 높은 미세먼지 감축사업을 추진한다. 전기자동차 및 천연가스자동차 보급, 노면청소차량 확충, 노후 경유차 조기폐차 지원 및 배출가스 저감장치 부착 등을 시행하는 한편, 석탄 화력발전소의 미세먼지를 저감하기 위한 특별법 제정, 배출허용기준 강화 등에도 힘을 기울일 방침이다.

한편 정부는 미세먼지의 또 다른 주범인 석탄 화력발전소를 더 이상 건설하지 않고 노후화된 것은 수명 종료 시 순차적으로 폐쇄하기로 했다. 서천화력 1·2호기, 삼천포화력 1·2호기, 호남화력 1·2호기, 보령화력 1·2호기, 영동화력 1·2호기처럼 30년 이상 된 석탄 화력발전소 10기가 폐쇄된다. 이 중 영동화력 1·2호기는 석탄 대신 바이오매스로 연료를 전환하고 보령화력 1·2호기는 LNG화력발전소로 대체하는 방안도 검토된다. 또 20년 이상 된 석탄 화력발전소 8기는 환경설비를 모두 바꿔 오염물질 발생을 줄이고 터빈 등 주요 부품을 교체해 발전효율을 높인다. 20년 미만인 발전소 35기는 2단계에 걸쳐 오염물질을 감축하고 효율을 개선한다. 즉 2019년까지 탈황·탈진 설비, 전기집진기 등

# 정부의 경유차 미세먼지 감축방안

© 환경부 홈페이지

## **1** 경유차 미세먼지 감축

### 신제작차 실도로 인증제 신설

– 질소산화물(NOₓ) 저감

 강화 >

대형차(3.5t 이상)
(2016. 1~)

중소형차(3.5t 미만)
(2017. 9~)

### 노후경유차 저공해화 확대

확대    확대

**대형 경유차(9t 이상)**
미세먼지, 질소산화물
동시저감사업 확대

**중소형 경유차(9t 미만)**
조기 폐차 확대

### 경유버스를 친환경버스로 단계적 대체

- 모든 노선의 경유버스를 친환경적인 CNG
  버스로 단계적으로 대체
- **충전소 확대**
  – 고속도로 휴게소에 CNG 충전소 부지 제공
  – 관련 규제 개선 및 재정지원 방안 검토

### 에너지 상대가격 합리적 조정방안 검토

– 조세재정연구원,
환경정책평가연구원, 교통연구원,
에너지경제연구원과 공동연구
– 공청회 등을 거쳐 조정 여부 결정

## **2** 친환경차 보급 확대

2020년 신차 판매(연간 160만 대)의
30%(연간 48만 대)를 친환경차로 대체

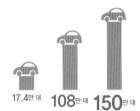

17.4만 대    **108**만 대    **150**만 대

**친환경버스(전기버스 등) 보급 확대**

확대

2020년까지 주유소의 25% 수준으로
근거리 충전인프라 구축(총 3100기)

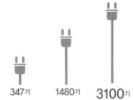

347기    1480기    **3100**기

**친환경 대중교통체계 구축**

수도권
광역급행철도
조기도입

간선급행버스체계(BRT)
노선 확대

**친환경 차종별 특화된 신기술**
**R&D 투자 확대**

수소차

하이브리드차    전기차

**친환경차 인센티브 적극 확대**

고속도로 통행료, 공영주차장 요금 면제 등

## **3** 대기오염 심각도에 따른 자동차 운행 제한

평상시
노후 경유차 수도권 운행제한 방안
마련(생계형 소형 경유차는 제외)

비상시
지자체와 협의해 차량부제 등
미세먼지 비상저감조치 실시

## **4** 건설기계 등 비도로 이동오염원 배출 저감대책

저공해화
사업

질소산화물 실도로
인증기준 도입

차세대 저공해
엔진 도입

의 시설을 보강한 뒤 20년이 넘어가면 대대적으로 성능 개선에 들어가는 것이다.

아울러 4~6차 전력수급기본계획에 반영된 석탄 화력발전소 20기는 예정대로 건설하되, 공정률 90% 이상인 11기는 기존 발전소에 비해 최대 2~3배 강화된 기준이 적용되고, 공정률 10% 이하인 9기는 설계 단계부터 최고 수준의 배출저감 시설이 설치되며 엄격한 기준(황산화물 25ppm, 질소산화물 15ppm, 미세먼지 $5mg/m^3$)이 적용된다. 이 방안에 따르면 2030년까지 2015년보다 미세먼지 발생량을 24%(6600t) 정도 줄이고, 황산화물과 질소산화물도 각각 16%(1만 1000t), 57%(5만 8000t) 저감하게 된다. 궁극적으로는 석탄 화력발전을 대신해 신재생에너지와 같은 친환경에너지를 사용해야 한다. 국가 에너지계획의 전환이 필요한 것이다. 미세먼지 주무 부서인 환경부는 다양한 대책을 통해 2015년부터 2024년까지 10년간 4조 5000억 원을 투자해 서울을 비롯한 수도권 지역의 미세먼지 연평균 오염도를 $47\mu g/m^3$에서 $30\mu g/m^3$으로, 초미세먼지 오염도는 $27\mu g/m^3$에서 $20\mu g/m^3$으로 낮출 계획을 수립했다가, 최근 이 목표를 3년 앞당겨 달성하기로 했다. 미세먼지의 원인이 되는 황산화물, 질소산화물의 배출 허용 기준은 2015년부터 20~25% 강화했으며, 휘발유차의 미세먼지 배출 허용 기준도 신설키로 했다.

미세먼지의 오염을 줄이기 위해서는 중국과의 협조도 필요하다. 국립환경과학원이 유엔 기후변화정부간위원회(IPCC) 5차 보고서를 토대로 중국의 미래 대기오염물질 배출 규모를 전망한 결과에 따르면, 현 상황이 유지되는 경우 초미세먼지(PM2.5) 배출량이 2050년까지 증가하다가 2055년쯤부터 줄어들고, 당장 대기오염을 막기 시작하는 경우는 PM2.5 배출량이 2022년을 정점으로 해 이후부터 점차 감소하는 것으로 나타났다. 이에 대비하기 위해 한중일 국장급 환경정책 대화를 가동하자고 제안하는 한편, 우리나라의 환경기술을 전수해 중국의 대기질 개선을 지원하려고 노력하고 있다.

미국 사막연구소(DRI)가 개발 중인 인공강우 드론. 구름씨 역할을 하는 요오드화은을 뿌리고 있다.
© Kevin Clifford/Drone America

## 과학계, 미세먼지와의 전쟁에 나서다

과학계에서도 다양한 기술로 미세먼지를 줄이거나 없애기 위해 노력하고 있다. 먼저 미세먼지의 발생을 줄이는 저감기술이 개발되고 있다. 최근 한국기계연구원은 경유차의 매연을 대폭 줄일 수 있는 플라스마 매연저감장치(DPF)를 자체적으로 개발해 6만km의 도로주행 테스트를 끝냈다. DPF는 경유차 배기관에서 배출되는 매연의 95% 이상을 필터에 모아 태울 수 있는 장치인데, 연구원에서 개발한 DPF는 가격이 저렴하고 크기가 기존 버너의 10분의 1이며 배기가스의 온도가 낮아도 매연을 태울 수 있는 것이 장점이다. 이 장치는 발전소, 대형 기관차, 선박, 화물차, 승용차 등에 적용할 수 있다. 또 지하철도 비산먼지 저감기술을 개발하고 있으며 버스 같은 차량의 하부에 장착할 수 있는 집진장치 등도 개발되고 있다.

네덜란드 발명가인 단 로세가르더가 개발한 '스모그 프리 타워'
© Studio Roosegaarde

대기 중에 떠 있는 미세먼지를 잡는 데는 인공강우가 유용하다. 2mm의 비를 내리면 미세먼지가 6% 줄어들고 6mm의 비를 내리면 미세먼지가 20%까지 줄어들기 때문이다. 인공강우는 비행기, 로켓 등으로 구름씨 역할을 하는 요오드화은을 살포하면, 요오드화은이 주변의 수증기를 끌어 모아 커다란 빗방울이 맺히게 해 비가 오게 만드는 것이다. 2016년 2월 미국 네바다 주의 사막연구소(DRI, Desert Research Institute)에서는 DAx8이라는 드론을 활용한 인공강우 실험에 성공했다. 드론을 이용하면 비용을 대폭 줄이면서 원하는 곳에 정확히 구름씨를 뿌릴 수 있다. 비를 내리게 만드는 대신 물을 뿌려서 미세먼지를 잡는 방법도 있다. 고층빌딩 옥상에서 고인 빗물을 스프레이처럼 흩뿌려 미세먼지를 잠재우는 방법이 검토되고 있는 것이다. 미국 환경보호국 소속의 물리학자 사오차이 위 박사가 제안한 이 방법은 빗물을 활용하는 만큼 친환경적이고 비용이 적게 든다.

중국의 경우에는 베이징을 비롯한 여러 도시에서 7m 높이의 '스모그 프리 타워'를 이용해 미세먼지를 처리하려고 한다. 네덜란드 발명가인 단 로세가르더가 개발한 이 타워는 미세먼지 입자에 전하를 띤 이온을 붙인 뒤 코일에 정전기를 발생시켜 먼지 입자가 달라붙도록 만든다. 타워 꼭대기에 있는 통풍 시스템이 미세먼지가 포함된 더러운 공기를 체임버 속으로 빨아들이면, 크기가 15㎛ 이하인 미세먼지는 양전하를 띠게 되어 체임버 내의 전극에 달라붙는다. 이 과정을 거쳐 깨끗해진 공기는 타워 아래쪽의 통풍구로 배출된다. 이 타워는 미세먼지를 흡착시켜 시간당 3만m³의 공기를 정화할 수 있고, 풍력을 이용해 에너지를 생산하며 에너지 소비량도 1700W 정도로 매우 적다.

최근에는 드론을 이용해 미세먼지를 없애는 방법도 제시되고 있다. 중국 정부는 2014년 자국 군수업체 AVIC와 계약한 뒤 대기 중의 미세먼지를 응고시키는 드론을 개발하기 시작했다. 이 드론은 미세먼지를 뭉쳐서 굳히는 화학물질 700kg을 싣고서 공중에서 뿌리면, 응고된 미세먼지가 비처럼 땅으로 떨어지게 된다. 최대 반경 5km 이내의 미세먼지를 제거할 수 있다고 한다. 중국발 미세먼지가 서해를 건너오기 전에 미리 차단되는 것이다. 드론에 미세먼지 제거 필터를 장착하고 공중에 띄우는 방법도 고안됐다. 드론 한 대가 아니라 수십~수백 대를 동원하되, 드론을 수시로 충전할 수 있도록 상공에 열기구와 비슷한 형태의 드론 충전소도 함께 띄우는 방법이다. 여러 대의 드론이 장시간 동안 공중에 머물러 미세먼지를 제거하는 것이다.

이 밖에 고출력 레이저를 쏴서 미세먼지를 분해하거나 땅 위에 거대한 공기청정기를 세워 미세먼지를 없애자는 주장도 나온다. 미세먼지가 바다 위에 생성된 물방울과 충돌해 구름이 되고 이 구름에서 비가 내리면 대기질이 개선될 수 있다는 연구결과도 발표됐다. 이처럼 미세먼지를 제거하기 위한 인류의 노력은 계속될 것이다.

issue 05

# 여론조사

## 서금영

2003년 고려대 산림자원학과를 졸업하고, 2005년 고려대 환경생태공학
과에서 숲과 환경과의 상호작용을 산골 수준에서 전 지구적 수준까지 공부해 석
사학위를 받았다. 그 뒤 국회 과학기술정보통신위원회 소속 의원실에서 정책비서
로 일했고, 2006년 동아사이언스 기자로 인간 탐구의 첫발을 내딛었다. 여론
조사기관인 한국갤럽 선임연구원을 거쳐 현재는 글로벌리서치에서 인
간생태계에서 일어나는 상호작용을 대한민국 수준에서 성/연
령/지역별로 분석하고 있다.

# 실패를 통해 발전하는 과학, 여론조사

　　2016년 11월 9일 제45대 미국 대통령 선거에서 공화당 후보인 도널드 트럼프의 당선이 확정됐다. 민주당 후보 힐러리 클린턴은 전국 득표율에서 트럼프보다 0.2%p[1] 더 높았지만 유권자를 대신해 대통령을 간접적으로 뽑는 선거인단수 확보에서 트럼프에게 패배했다. 하지만 이번 선거에서 최악의 패자는 클린턴이 아니라 여론조사회사였다.

　　미국 대선 당일인 8일 새벽, 대부분의 언론사들은 70~90%의 확률로 힐러리 클린턴 민주당 후보의 압승을 점쳤다. 로이터는 여론조사기관인 입소스와 실시한 여론조사 결과를 토대로 클린턴의 승리 확률을 90%로 예측했다. 뉴욕타임스의 선거분석모델 '업샷(upshot)'도 84%의 확률로 클린턴의 승리를 예상했다. 허핑턴포스트의 승리 확률은 무려 98%에 달했다. 결과는 한마디로 처참했다. 트럼프가 경합주 10곳 중

---

1　%p 또는 %포인트란, %단위끼리의 차이를 나타낼 때 쓰는 단위다. 개표 결과 총득표수는 47.9%(클린턴) 대 47.2%(트럼프)로 클린턴이 0.7%p(47.9%−47.2%) 앞섰다.

선거 연설 중인
도널드 트럼프

트럼프와 힐러리의 선거
유세운동이 그려진 미국 우표

선거인단이 가장 많은 플로리다, 오하이오, 펜실베이니아를 비롯한 7개 주에서 승리하면서 완승을 거둔 것이다. 선거가 끝난 뒤 여론조사회사들은 잇따라 반성문을 써야 했다.

　미국의 선거조사는 전 세계에서 가장 앞선 것으로 정평이 나 있던 만큼, 개표함을 열 때까지 클린턴의 당선을 의심하는 사람은 많지 않았다. 거의 모든 여론조사에서 클린턴은 선두를 놓치지 않았다. 미국의 여론조사는 1948년 이후 당선자 예측에서 크게 실패한 적이 없을 만큼 높은 신뢰도를 자랑했다. 그런데 이번 대선에서 예측이 크게 빗나간 이유는 무엇일까?

## 표본수 236만 명 VS 1500명의 대결

　빅데이터를 이용해 미국 대선 결과를 예측한 우종필 세종대 경영학과 교수는 "미국 전체 유권자가 2억 1000만 명인데, 이 중 60%가 투표한다고 가정하면 1억 2000만 명의 표를 예측해야 한다"며 "현재 여론조사는 1000여 명에게 묻는데, 이는 전체 유권자의 0.00001%에 불과하다"고 지적했다. 다시 말해 모집단을 대표하기에 충분하지 않은 인원수의 표본을 뽑아 여론조사를 했기 때문에 유권자의 표심을 제대로 반영하지 못한다는 것이다.

1936년 미국 대통령 선거 후보인
프랭클린 루스벨트(민주당)와
알프 랜던(공화당)
(좌로부터)

그렇다면 전화조사로 묻는 응답자를 현재의 1000명에서 2000명, 3000명으로 늘리면 정확도가 높아질까? 조사 표본수와 관련하여, 과거 미국에서는 유명한 일화가 있다. 1920년 미국의 유명잡지 '리터러리 다이제스트'는 대통령 선거를 앞두고 6개 주의 거주자에게 엽서를 보내 공화당 후보인 워렌 하딩과 민주당 후보인 제임스 쿡스 중 누구에게 투표할 것인지를 물었다. 응답자 명부는 전화번호부와 자동차 등록부에서 추출했다. 이 잡지는 1924년, 1928년, 1932년까지 대통령 당선인을 잇달아 정확히 맞췄다. 그러나 1936년 선거에서는 당선인 예측에 실패했다. 1936년 리터러리 다이제스트는 구독자 1000만 명에게 투표용지를 발송했다. 이 중 236만 7230장의 투표용지가 회수됐다. 투표용지를 분석한 결과, 공화당 후보인 알프 랜던의 지지율은 57%로 민주당 후보인 프랭클린 루스벨트(43%)를 크게 앞설 것으로 예측됐다. 하지만 실제 투표함을 열자 루스벨트는 62.5%를 득표해 37.5%에 그친 랜던을 크게 앞섰다. 당시 리터러리 다이제스트는 1000만 장의 투표용지를 구독자에게 발송했는데, 이 숫자는 당시 가구수 기준으로 3가구당 1집꼴로 보낸 것이다. 요즘 전화조사로 1000명의 응답을 받는 것과 비교하면 엄청난 표본수다. 그럼에도 불구하고 1936년 대선에서 빗나간 예측을 했다.

반면 갤럽여론조사소는 리터러리 다이제스트보다 훨씬 적은 1500명을 조사해 루스벨트의 득표율 55%, 랜던의 득표율 44%를 예측했다. 갤럽여론조사소는 리터러리 다이제스트보다 표본수는 훨씬 적었지만 오히려 실제 득표율에 매우 근접했다.

리터러리 다이제스트가 대선 예측에 실패한 이유는 무엇일까? 236만 명이 넘는 대규모 표본을 얻고도 모집단의 의견을 제대로 반영하지 못했기 때문이다. 여론조사의 목적은 소수에게 의견을 묻더라도 집단의 모든 구성원에게 물었을 때와 똑같은 결과를 얻는 데 있다. 성별과 나이, 지지정당, 소득, 학력, 직업 등과 상관없이 표본으로 뽑힐 확률이 누구나 같아야 한다. 어느 회사가 여론조사를 수행하더라

루스벨트의 당선을 예측한 갤럽여론조사소 임원 조지 갤럽이 그려진 2001년 루마니아 우표

도 같은 결과가 나올 수 있는 표본설계에 따라 조사가 이뤄져야 한다는 얘기다. 1929년 시작된 경제 대공황은 1939년까지 대량 실업과 불황을 일으켜 1936년에는 양극화가 심해졌다. 당시 집에 전화기가 있고 자동차를 소유한 사람들은 상대적으로 부유했다. 즉 리터러리 다이제스트가 투표용지를 발송한 표본에서 가난한 사람들은 제외됐던 것이다. 미국 고소득층은 공화당, 저소득층은 민주당을 지지하는 사람들로 나뉘었다. 이로 인해 리터러리 다이제스트는 소득 수준, 지지정당이 균일하지 못한 조사 대상자에게만 투표용지를 회수했던 셈이다. 이처럼 모집단에서 표본을 뽑는 표집틀[2]이 잘못 설정되면 아무리 많은 표본수를 뽑는다 하더라도 여론조사 결과는 빗나간다. 된장국의 간을 볼 때 갤럽이 했던 것처럼 먼저 숟가락으로 국솥을 휘저어 균일한 내용물을 만든 다음 맛을 봐야 하는데, 리터러리 다이제스트는 식어버린 국솥의 윗부분만 많이 떠먹은 것이다. 이 사건은 실패한 여론조사의 대표적인 사례로 알려져 있다.

## 선거 여론조사의 조사설계는 어떻게 이뤄지나?

행정자치부는 매달 홈페이지를 통해 한 달 전 주민등록 기준 인구통계를 발표하고 있다. 2016년 11월 기준으로 전국에 거주하는 만

---

2  표집틀이란 표본이 추출될 수 있는 전체 모집단의 구성요소 목록을 말한다. 예를 들어, 유권자에 관한 정보를 얻으려면 선거등록명부가 표집틀이 될 것이고 차량 소유나 도로 수송이 연구대상이라면 자동차 등록명부가 표집틀이 될 것이다. 여론조사회사에서 집전화로 조사를 진행한다면 전 국민의 전화번호부가 표집틀이 될 것이며, 휴대전화로 조사를 진행한다면 전 국민의 휴대전화번호 목록이 표집틀이 될 것이다. 또 온라인조사로 조사를 진행한다면 이메일 주소가 표집틀이 될 수 있다. 하지만 그 어떤 표집틀도 전체 유권자를 모두 포함하지는 못한다는 현실적인 문제가 있다.

**2016년 11월 기준 행정자치부 주민등록 인구통계**

| 지역 | 소계 | 남자 | | | | | 여자 | | | | |
|---|---|---|---|---|---|---|---|---|---|---|---|
| | | 19~29세 | 30~39세 | 40~49세 | 50~59세 | 60대 이상 | 19~29세 | 30~39세 | 40~49세 | 50~59세 | 60대 이상 |
| 전국 | 42287083 | 3905508 | 3862980 | 4463806 | 4252289 | 4478104 | 3517526 | 3694833 | 4334215 | 4160511 | 5617311 |
| 서울 | 8361000 | 781885 | 816025 | 835289 | 768837 | 866568 | 782607 | 812160 | 844189 | 802158 | 1051282 |
| 인천/경기 | 12573537 | 1198609 | 1227156 | 1428875 | 1291819 | 1138042 | 1097756 | 1183156 | 1394635 | 1229227 | 1384262 |
| 강원 | 1284990 | 114639 | 96377 | 128016 | 138221 | 166210 | 90273 | 89605 | 118450 | 133209 | 209990 |
| 대전/세종/충청 | 4396868 | 403621 | 404796 | 467339 | 438806 | 489881 | 349543 | 373124 | 436052 | 416208 | 617498 |
| 광주/전라 | 4257893 | 371619 | 340705 | 436121 | 428028 | 524240 | 327416 | 320431 | 402195 | 407176 | 699962 |
| 대구/경북 | 4283240 | 388045 | 348565 | 432548 | 444550 | 505791 | 318111 | 327245 | 421471 | 437512 | 659402 |
| 부산/울산/경남 | 6620544 | 602329 | 585209 | 676876 | 689854 | 733623 | 511612 | 546450 | 663666 | 686530 | 924395 |
| 제주 | 509011 | 44761 | 44147 | 58742 | 52174 | 53749 | 40208 | 42662 | 53557 | 48491 | 70520 |

© 행정자치부 홈페이지(http://rcps.egov.go.kr)

19세 이상 유권자수는 4228만 7083명이다. 이 가운데 남자는 2096만 2687명(49.6%), 여자는 2132만 4396명(50.4%)을 차지하고 있다.

전 국민을 대상으로 한 여론조사를 진행할 경우 보통 1000명을 조사한다. 이 경우, 신뢰수준은 95%에서 표준오차는 ±3.1%p다. 똑같은 방식으로 조사를 반복하면 100번 중 95번은 오차범위 내에서 같은 결과 값이 나온다는 얘기다. 만약 선거조사에서 A후보 지지율이 53%, B후보 지지율이 47%라면, 100번 조사해서 95번은 A후보의 지지율이 49.1~56.1%, B후보의 지지율은 43.9%~50.1% 범위로 나올 것이란 의미다. 1000명보다 더 많은 표본수를 조사하면 더 높은 신뢰수준에서 더 적은 표본오차 범위의 측정값을 얻을 수 있을 것이다. 하지만 조사를 진행하는 데 쓰이는 비용 대비 효과 측면에서 표본수가 늘어나도 오차범위는 크게 늘어나지 않는다. 표본수가 500명에서 1000명으로 늘어날 때는 표본오차가 ±4.4%p에서 ±3.1%p로 변했지만, 1000명에서 1500명으로 늘어나면 표본오차는 ±3.1%p에서 ±2.5%p로 줄어든다. 이처럼 표본수가 500명씩 늘어나더라도 표준오차는 지수함수적으로 증가한다. 따라서 1000명을 조사하는 비용의 2배를 들여 2000명을 조사하

**여러 표본 크기(표본수)에 해당하는 최대 허용 표본 오차**

| 표본수 | 300명 | 500명 | 800명 | 1000명 | 1500명 | 2000명 | 3000명 |
|---|---|---|---|---|---|---|---|
| 표본 오차 | ±5.7%p | ±4.4%p | ±3.5%p | ±3.1%p | ±2.5%p | ±2.1%p | ±1.8%p |

더라도 결과의 정밀도가 2배 가까이 증가하지는 않는다. 이 때문에 중앙선거관리위원회에서 고시한 '선거여론조사기준'에 따르면 대통령선거와 전국단위 조사는 1000명, 광역단체장선거(세종시 제외) 또는 시·도 단위 조사는 800명, 세종시장선거·지역구국회의원선거·자치구·시·군 단위 조사는 500명, 지역구지방의회의원선거는 300명 이상의 표본수를 조사하도록 명시하고 있다.

그러므로 대통령 선거를 예측하기 위한 최소 표본수는 1000명이다. 전체 유권자에 대한 대표성을 얻기 위해 표본수 1000명을 제시했지만, 1000명의 표본수를 조사한다고 강원과 제주 지역을 대표하는 응답값을 얻을 수는 없다. 즉, 조사결과에 대한 전체값뿐만 아니라 성/연령/지역별로 세부적인 분석을 하려면, 그 분석단위가 최소 30샘플은 넘어야 한다. 예를 들어 전국에 거주하는 성인 1000명을 조사할 경우, 2016년 11월 인구통계 기준으로 강원은 30명, 제주는 11명을 조사해야 한다. 상대적으로 전화 응답을 받기 쉬운 50대와 60대 이상 고연령층에서는 지역에 관계없이 목표된 할당 인원수를 채우기 쉽다.

그러나 20대 젊은 층에서는 오후 6시 이전에는 전화 연결이 잘 이뤄지지 않는다. 이 때문에 성/연령/지역별 인구수 비례에 맞게 1000명의 표본을 조사한 뒤에, 표본이 전 국민을 대표할 수 있도록 고르게 뽑혔는지를 확인하기 위해서는 직업별 분포를 살펴봐야 한다. 가령, 가정주부는 25~35% 사이에 분포해야 조사가 제대로 된 것이다. 만약 가정주부가 25% 미만이면 실제보다 직장인 여성을 과다표집한 것이다. 또 가정주부의 비율이 35%를 넘는다면 직장인 여성이 과소표집된 표본을 조사한 것이 된다.

**표본수가 1000명일 때 성/연령/지역별 표본 배분**

| 지역 | 소계 | 남자 | | | | | 여자 | | | | |
|---|---|---|---|---|---|---|---|---|---|---|---|
| | | 19~29세 | 30~39세 | 40~49세 | 50~59세 | 60대 이상 | 19~29세 | 30~39세 | 40~49세 | 50~59세 | 60대 이상 |
| 전국 | 1000 | 92 | 91 | 105 | 100 | 105 | 83 | 88 | 103 | 98 | 135 |
| 서울 | 196 | 18 | 19 | 20 | 18 | 20 | 18 | 19 | 20 | 19 | 25 |
| 인천/경기 | 298 | 28 | 29 | 34 | 31 | 27 | 26 | 28 | 33 | 29 | 33 |
| 강원 | 30 | 3 | 2 | 3 | 3 | 4 | 2 | 2 | 3 | 3 | 5 |
| 대전/세종/충청 | 105 | 10 | 10 | 11 | 10 | 12 | 8 | 9 | 10 | 10 | 15 |
| 광주/전라 | 102 | 9 | 8 | 10 | 10 | 12 | 8 | 8 | 10 | 10 | 17 |
| 대구/경북 | 102 | 9 | 8 | 10 | 11 | 12 | 8 | 8 | 10 | 10 | 16 |
| 부산/울산/경남 | 156 | 14 | 14 | 16 | 16 | 17 | 12 | 13 | 16 | 16 | 22 |
| 제주 | 11 | 1 | 1 | 1 | 1 | 1 | 1 | 1 | 1 | 1 | 2 |

© 행정자치부 홈페이지(http://rcps.egov.go.kr)

## 선거 때마다 달라지는 투표율이 해석의 열쇠

이처럼 성/지역/연령별로 인구수에 비례해 여론조사를 하더라도 실제 선거결과와 다른 결과를 얻게 되는 것은 여론조사가 전 국민의 의견인 반면, 투표결과는 전 국민 중 실제 투표권을 행사한 유권자의 의견이기 때문이다. 다시 말해 여론조사의 조사설계 시 가정했던 성/지역/연령별 비율과 실제 투표권을 행사한 유권자의 성/지역/연령별 비율이 달라진다는 것이다. 2012년 제18대 대통령 선거의 연령대별 유권자수는 19~29세 18.1%, 30대 20.1%, 40대 21.8%, 50대 19.2%, 60세 이상 20.8%였다. 그러나 실제 투표에 참여한 유권자는 19~29세 14.6%, 30대 18.5%, 40대 21.8%, 50대 20.8%, 60세 이상 22.6%로 집계됐다. 20~30대 젊은 층은 실제 인구 비율보다 투표율이 낮은 반면 50대와 60세 이상 장년층은 인구 비율보다 투표율이 더 높은 것이다. 그만큼 전 국민을 대상으로 실시한 여론조사보다 50대 이상의 의견이 투표결과에

**18대 대선의 연령대별 선거인수/투표자수 비율 변화** (단위: %, 선거인수=유권자수)

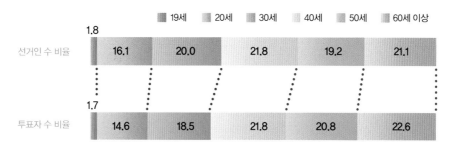

© 중앙선거관리위원회 보도자료

(지선=지방선거, 총선=국회의원 선거, 대선=대통령 선거)

| | 19세 | 20대 전반 | 20대 후반 | 30대 전반 | 30대 후반 | 40대 | 50대 | 60세 이상 |
|---|---|---|---|---|---|---|---|---|
| 2012 18대 대선 | 74.0 | 71.1 | 65.7 | 67.7 | 72.3 | 75.6 | 82.0 | 80.9 |
| 2012 19대 총선 | 47.2 | 45.4 | 37.9 | 41.8 | 49.1 | 52.6 | 62.4 | 68.6 |
| 2010 5회 지선 | 47.4 | 45.8 | 37.1 | 41.9 | 50.0 | 55.0 | 64.1 | 69.3 |
| 2008 18대 총선 | 33.2 | 32.9 | 24.2 | 31.0 | 39.4 | 47.9 | 60.3 | 65.5 |
| 2007 17대 대선 | 54.2 | 51.1 | 42.9 | 51.3 | 58.5 | 66.3 | 76.6 | 76.3 |
| 2006 4회 지선 | 37.9 | 38.3 | 29.6 | 37.0 | 45.6 | 55.4 | 68.2 | 70.9 |
| 2004 17대 총선 | – | 46.0 | 43.3 | 53.2 | 59.8 | 66.0 | 74.8 | 71.5 |
| 2002 16대 대선 | – | 57.9 | 55.2 | 64.3 | 70.8 | 76.3 | 83.7 | 78.7 |

© 중앙선거관리위원회 보도자료

더 많이 반영됐다. 뿐만 아니라 투표율은 선거 때마다 달라진다. 일반적으로 투표율은 가장 최근의 선거 투표율보다 동일 종류의 선거 투표율과 비슷한 경향을 보인다. 예를 들어 2012년 국회의원 선거를 예측할 때는 2010년 지방선거의 투표율보다 2008년 국회의원 선거의 투표율과 비슷한 경향을 보일 것으로 가정한다. 선거의 규모와 종류에 따라 지역민의 투표율에 차이가 크기 때문이다.

그런데 2007년 17대 대선과 비교해 2012년 18대 대선은 모든 연령대의 투표율이 상승했다. 특히 30대 이하 젊은 층의 경우 투표율이 13.8%p~22.8%p 크게 올라갔다. 이 때문에 18대 대선에서 여론조사회사들이 17대 대선의 연령별 투표율을 반영해 발표한 선거예측이 빗나간 경우가 많았다. 최근에는 2013년 1월 도입돼 같은 해 4월 24일 재보궐선거에 처음 실시된 '사전투표제'[3]로 인해 출구조사를 실시하더라도 사전투표에 참여한 유권자의 성/연령별 비율에 대한 정보를 알 수 없기 때문에 선거예측이 더욱 어려워지고 있다. 2016년 4월 실시된 총선에서 사전투표율은 12.2%로 513만 명이 참여했다. 12.2%의 유권자가 어떤 사람인가는 판세가 박빙인 지역구에서 정확한 선거예측을 하는 데 커다란 어려움이 되고 있다.

## '모르겠다'는 사람은 실제로 누구를 지지할까?

우리나라에서 선거예측은 1987년 제13대 대선에서 처음 등장했다. 당시 민주정의당 노태우 후보 36.6%, 통일민주당 김영삼 후보 28.0%, 평화민주당 김대중 후보 27.1%, 신민주공화당 김종필 후보 8.1%의 득표율을 기록했다. 당시 국내 최초로 여론조사를 실시한 한국갤럽의 예측치는 노태우 후보 35.3%, 김영삼 후보 28.4%, 김대중 후보 27.5%, 김종필 후보 8.3%로 각 후보의 순위와 득표율을 거의 정확히 맞췄다. 한국갤럽은 3일에 걸쳐 면접원이 가정집을 방문하는 개별면접을 실시했다. 이때 응답자가 솔직하게 응답할 수 있도록 해당 지역 사투리를 쓰는 면접원을 투입하고, 농촌 지역에서는 여성 면접원이 매니큐어나 미니스커트를 입지 않도록 했다. 면접원을 낯선 사람으로 여기지 않도록 하기 위해서였다. 1980년대는 민주화에 대한 정치적 탄압이 컸던 때라 정치적 견해를 밝히는 일이 쉽지 않았다. 이를 반영하듯 1987년 대선에서 노태우 후보의 지지자들은 '모르겠다/무응답'의 비율이 높았다. 야당 후보자를 지지하는 젊은 층은 적극적으로 응답하는 데 비해 여당 후보자를 지지하는 나이 많은 연령대나 저소득층은 분명한 표현을 하지 않았던 것이다. 실제로 한국갤럽의 최종 조사에서 노태우 후보

---

3  선거일에 투표가 어려운 유권자가 별도의 신고 · 신청 절차 없이 사전투표 기간 중 전국의 사전투표소 어느 곳에서나 투표할 수 있는 제도를 말한다. 유권자는 신분증만 있으면 자신의 주소지와 상관없이 어느 사전투표소에서든 투표가 가능하다. 사전투표 기간은 선거 5일 전부터 이틀 동안이다.

는 27.8%, 김영삼 후보는 26.0%, 김대중 후보는 25.1%, 김종필 후보는 7.9%, 기타 후보는 0.2%였고, 모르겠다/무응답이 13.1%였다. 결과만 놓고 보면 누가 당선될지 알 수 없는 형국이었다.

정확한 예측을 위해 한국갤럽은 '판별분석'을 실시했다. 판별분석이란 성, 나이, 교육수준, 직업, 거주지역 등을 고려해 특정 후보의 지지성향을 추출해내고 '모르겠다/무응답' 집단이 어느 후보를 지지할 것인지 예측하는 분석기법이다. 가령, 아버지 고향이 대구인 60대 여성이 지지정당으로 민주정의당을 선택했다면 "누구를 지지할지 모르겠다" 혹은 "후보들이 거기서 거기다"라고 응답했더라도 노태우 지지자로 분류하는 방식이다. 대다수 가정에 집전화가 보급된 1997년 제15대 대선부터는 면접조사를 대신해 전화조사가 시작됐다. 당시 김대중 후보는 40.3%를 얻어 이회창 후보(38.7%)를 역대 대선 사상 최소인 1.6%p차로 제치고 대통령에 선출됐다. 이때 한국갤럽은 김대중 후보 39.9%, 이회창 후보 38.9%로 선거결과를 정확히 예측해 국민을 다시 한 번 놀라게 했다.

## 나라마다 선거조사의 문항 내용이 다르다

한국갤럽은 '모르겠다/무응답자'의 비율을 줄이기 위해 한국인의 정서를 고려한 질문지 개발에 힘썼다. 민주화가 발달된 미국이나 프랑스처럼 "선생님께서는 이번 대통령 선거에서 어느 후보에게 투표하시겠습니까?"라고 직설적으로 물었다면 솔직한 응답을 얻기 어려웠을 것이다. 자신의 투표행위를 정직하게 표현하면 불이익을 당할 수 있다는 인식을 줄이기 위해 한국갤럽은 우회적으로 묻는 문항을 개발했다. "이번 대통령 선거에 민주자유당 후보로 김영삼 씨, 민주당 후보로 김대중 씨, 통일국민당 후보로 정주영 씨 등이 출마합니다. 선생님께서는 이 중 누가 대통령이 되는 것이 조금이라도 더 좋다고 생각하십니까?"처럼 완곡한 어법을 사용한 것이다. '모르겠다/무응답'의 비율이 줄어들었다는 것은 조사에 참여한 응답자가 자신의 지지후보를 솔직히 밝혔다는 얘기다. 이처럼 여론조사는 한국인의 심리를 고려한 질문지 개발이 중요하다. 2002년 제16대 대선에서 한국갤럽은 처음으로 당선인 예측에 실패했다. 선거 전날 예측치는 이회창 신한국당 후보 46.4%, 노무현 민주당 후보 48.2%로, 실제 결과인 이회창 후보 46.6%, 노무현 후보 48.9%와 매우 비슷한 수치였다. 그러나 선거 전날 정몽준 국민통합21 대표가 노무현 후보에 대한 지지를 철회함으로써 12월 초부터 추적해왔던 조사 데이터가 무의미해졌다. 지지 철회로 정몽준 지지자들의 표심이 이회창과 노무현 중 어디로 향할지 가늠할 판별분석의 근거가 사라진 것이다. 결국 선거 당일 투표를 마친 응답자를 대상으로 실시한 전화조사 결과를 예측수단으로 사용했다. 오후 2시 30분. 한국갤럽은 전화조사를 조기에 마감하는 실수를 저질렀다. 투표 당일 오후부터 인터넷과 휴대전화를 통해 노무현 후보에 대한 투표 독려가 이뤄지면서 시간대별 투표 성향이 달라졌다. 이회창 지지자들은 오전에, 노무현 지지자들은 오후에 투표가 몰린 것이다. 이로 인해 한국갤럽은 이회창 후보의 당선을 예측했지만 결과는 노무현 후보의 승리였다. 이때의 실패를 교훈 삼아 한국갤럽은 시간대별로 응답속도를 조절해 표본의 대표성이 훼손되지 않도록 하고 있다. 가령, 평일 오후 6시 이전에 조사를 종료하면 직장에

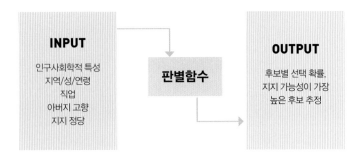

**무응답자 판별방법**

예측 투입 변수와 판별함수를 적용
선거결과에 가깝도록 지지후보를 추정하는
모형을 적용해 선택 확률의 편향 보정

| INPUT | 판별함수 | OUTPUT |
|---|---|---|
| 인구사회학적 특성<br>지역/성/연령<br>직업<br>아버지 고향<br>지지 정당 | | 후보별 선택 확률,<br>지지 가능성이 가장<br>높은 후보 추정 |

서 귀가할 여성, 고학력자, 화이트칼라 계층에 속하는 사람들의 목소리가 반영될 수 없다. 따라서 사회 여론조사는 평일 오후 4~9시 사이에 20~30대 젊은 층의 응답이 충분히 포함되도록 해야 한다.

## YTN 패널조사 왜 틀렸을까?

2007년 제17대 대선에서는 많은 조사기관들이 오차범위를 벗어난 예측 결과를 쏟아냈다. 한나라당 이명박 후보와 대통합민주신당 정동영 후보 간 격차가 큰 선거 구도에서 제3후보 지지자들의 성향을 제대로 파악하지 못했던 것이다. 많은 조사기관들이 3위를 기록한 무소속 이회창 후보의 득표율을 실제보다 낮게 예측해 예측치가 오차범위를 벗어났다. 대다수 조사기관들은 이명박 후보가 지지율 50%를 넘을 것으로 내다봤다. 지지후보를 밝히지 않은 사람들을 이명박 지지자로 판별 분석한 비율이 높았던 것이다. 하지만 실제 결과는 이명박 후보 48.7%, 정동영 후보 26.1%, 이회창 후보 15.1%로 나타났다. 당시 YTN에서 의뢰한 한국리서치의 조사결과는 이명박 후보가 49.0%를 얻을 것으로 예측해 실제 결과와 가장 근접한 수치를 기록했다(정동영 후보 25.3%, 이회창 후보 12.7%). 한국리서치는 한 차례 집전화 조사에 응답한 사람들에게 계속해서 전화조사에 답할 것인지 동의를 구한 뒤, 여러 시기에 걸쳐 의견을 묻는 일명 '패널조사'를 실시했다. 처음 집 전화번호를 무작위로 추출할 때는 응답자 성향에 쏠림이 없었지만 패널조사에 동의한 응답자는 그렇지 않은 응답자에 비해 지지하는 정당이나 후보를 적극적으로 밝히는 경우가 많다. 야당 지지자들의 응답이 타 기관에 비해 많을 수밖에 없어 당시 여당인 이명박 후보에 대한 지지 응답이 타 기관보다 적었던 것이다. 그래서 이명박 후보의 지지율이 50%를 넘지 않게 예측 됐다. 18대 대선은 보수세력이 새누리당으로, 진보세력은 민주당으로 최대한 결집한 양강구도였다. 나머지 후보들의 예상득표율은 1% 미만으로 낮았고, 무응답자의 비율은 예년 대비 크게 줄었다.

　　최종 투표율은 75.8%로 17대 대선(63.0%)보다 12.8%p 늘어났다. 패널조사에 지지하는 정당이나 후보를 적극적으로 밝히지 않은 여당 지지자들이 투표소로 집결한 것이다. 이로 인해 한국리서치는 5000명이라는 적지 않은 표본을 추출했지만 5년 만에 달라진 선거 환경에서 1, 2위가 뒤바뀐 예측을 했다.

## 왜 휴대전화 50%, 집전화 50%씩 조사할까

　　2010년 6월 지방선거를 기점으로 전화조사는 큰 전환기를 맞는다. YTN은 오세훈 후보가 52.1%로 한명숙 후보(41.6%)보다 10.5%p 압승하는 결과를 예측 보도했다. MBN의 보도에선 두 후보 사이의 격차가 21%p(오세훈 후보 57.4%, 한명숙 후보 36.4%)까지 벌어졌다. 실제 개표결과는 한나라당 오세훈 후보 47.4%, 민주당 한명숙 후보 46.8%로 두 후보 간 격차는 0.6%p에 불과했다.

　　이처럼 여당 지지율이 과다 예측된 이유는 전화번호부 때문이었다. 여론조사회사들이 표집틀로 사용하는 KT 전화번호부에 등재된 사람들은 여당 지지자가 많다. 아무래도 한 지역에 오래 살고 있거나 자기 집을 갖고 있는 고연령층의 보수성향자들이 많은 것이다. 이들에게서 표본을 추출하면 여당 지지율이 실제 투표결과보다 더 높게 나오게 된다. KT 전화번호부가 모집단(유권자)을 대표할 수 없다는 인식이 이뤄지면서 2011년부터 RDD 방식이 적극 도입됐다. RDD 방식이란 지역번호와 지역별 국번을 제외하고 나머지 번호를 0부터 9까지 무작위로 입력해 만든 전화번호를 사용하는 조사방식으로, 컴퓨터가 미리 쓰지 않는 결번 전화번호를 확인한다. 기존의 KT 전화번호부는 모집단의 40% 정도만 대표하지만 RDD 번호를 생성하면 전체 집전화 가구를 포함하는 비율이 80% 이상으로 늘어난다. 최근에는 혼자 사는 인구가 늘면서 집전화를 쓰지 않고 휴대전화만 이용하는 가구가 증가하고 있는 추세다. 또 젊은 층이나 직장인의 경우 여론조사가 실시되는 낮에는 주로 집밖에서 활동하기 때문에 집전화만으로는 모든 유권자와의 접촉이 어렵다. 이를 극복하기 위해 2012년 4월 11일 치러진 제19대 총선에서 중앙일보는 RDD 방식으로 만든 집 전화번호와 사전에 조사에 응하겠다고 답한 패널의 휴대전화번호를 결합해 여론조사를 실시했다.

휴대전화는 지역별 국번을 알 수 없어 RDD 방식으로 번호를 생성하더라도 어느 지역에 살고 있는 유권자의 것인지 알아낼 방법이 없다. 이 때문에 온라인 회원을 보유한 여론조사회사에 사전 등록된 패널의 집주소와 휴대전화번호를 조사에 활용했던 것이다. 당시 여러 조사기관의 예측이 실제 선거결과와 엇갈린 반면, 중앙일보에 보도된 지역구 판세는 실제 결과에 가장 근접했다. 집전화는 전체 유권자를 대표할 수 없다는 사실이 증명된 것이다.

19대 총선 당시 수집한 집전화와 휴대전화의 데이터를 분석해본 결과, 집전화와 휴대전화의 비율을 각각 절반씩 혼합했을 때 최종 결과와 가장 근접한 수치를 도출할 수 있었다. 현재 이와 관련해 학계에서 휴대전화와 집전화를 섞는 비율에 대해 이론적으로 합의된 공론은 없다. 다만 경험적으로 집전화와 휴대전화의 비율을 각각 절반씩 혼합했을 때 최종 결과와 가장 근접한 수치를 얻는 것으로 알려져 있다. 그런데 최근에는 RDD 방식으로 추출한 휴대전화번호로 전화를 걸어도 어

## 여론조사의 과학성

### 여론조사의 대표성 높이기
소수에게 의견을 묻더라도 집단의 모든 구성원에게 물었을 때와 결과가 똑같이 나오려면 조사 대상의 성별이나 나이, 지지 정당, 소득수준, 학력, 직업이 골고루 분포되어야 한다.

### 전화조사
판세 예측을 위해 지역번호를 제외한 나머지 번호를 0번에서 9번까지 무작위로 입력해 만든 전화번호로 조사원이 전화를 걸면 표본으로 뽑힌 사람들의 대표성이 약 80%까지 올라간다.

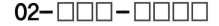

02-□□□-□□□□

### 여론조사의 원리
상자 안에 빨간색, 파란색, 녹색 공이 1000개 들어 있다고 가정해보자. 색깔별로 몇 개씩 들어 있는지 알고 싶지만, 모든 공을 꺼내기 어려우니 10개만 꺼낸다. 만약 공이 골고루 섞였다면 10개를 꺼내든 1000개를 꺼내든 색깔 비율이 같을 것이다. 여론조사 역시 국민의 약 1%에게만 의견을 물어 선거 결과를 추정한다.

### 출구조사
선거가 끝나면 투표소에서 나오는 유권자를 5명마다 1명씩 붙잡아 누구에게 투표했는지 물어본다. 이렇게 하면 엄마, 아빠, 형, 동생이 와서 투표를 하더라도 1명만 조사를 하게 된다. 같은 후보자에게 투표를 했을 법한 집단이 단체로 뽑힐 가능성이 줄어드는 것이다.

## 출구조사 진행과정

1

성별, 연령, 광역단체장 투표후보, 교육감 선거 투표후보의
순서로 조사합니다.

### KBS MBC SBS 방송사 공동 출구조사

문1. 통계처리를 위해 필요하오니, 귀하의 성별과 연령에 각각 O표해 주십시오.

| 성 | ① 남성  ② 여성 |
|---|---|
| 연령(만 나이) | ① 19세~29세  ② 30세~39세  ③ 40세~49세  ④ 40세~59세  ⑤ 60세 이상 |

#### 00광역시장 선거
문2. 어느 후보에게 투표하셨습니까?
빈칸에 O표해 주십시오.

| A당 | 권지용 | | 1 |
|---|---|---|---|
| B당 | 김대언 | | 2 |
| C당 | 이진기 | | 3 |
| D당 | 김준면 | | 4 |
| E당 | 박준형 | | 5 |
| F당 | 문정혁 | | 6 |
| G당 | 이채린 | | 7 |

#### 00광역시 교육감 선거
문3. 어느 후보에게 투표하셨습니까?
빈칸에 O표해 주십시오.

| 이도 | | 1 |
|---|---|---|
| 방정환 | | 2 |
| 이 이 | | 3 |
| 정약용 | | 4 |
| 신사임당 | | 5 |

응답해주신 내용은 통계자료로만 이용됩니다. 협조해주셔서 감사합니다.

2

1단계: 조사원 멘트
"조사에 응해주셔서 감사합니다. 실례지만
연령대가 어떻게 되시나요?"

2단계: 예상투표자 멘트
"정확한 나이까지 말해야 해요?"

3단계: 조사원 멘트
"그냥 10세 단위로만 말씀해주시면 됩니다."

**\* 총 4개 문항: 투표자 성별, 연령대, 지지후보를 조사**

성별, 연령, 광역단체장 투표후보, 교육감 선거 투표후보의
순서로 조사합니다.

**KBS MBC SBS 방송사 공동 출구조사**

문1. 통계처리를 위해 필요하오니, 귀하의 성별과 연령에 각각 O표해 주십시오.

| ❶ 성 | ① 남성  ② 여성 |
|---|---|
| ❷ 연령(만 나이) | ① 19세~29세  ② 30세~39세  ③ 40세~49세  ④ 40세~59세  ⑤ 60세 이상 |

00광역시장 선거
❸ 문2. 어느 후보에게 투표하셨습니까?
빈칸에 O표해 주십시오.

| A당 | 권지용 | 1 |
|---|---|---|
| B당 | 김대언 | 2 |
| C당 | 이진기 | 3 |
| D당 | 김준면 | 4 |
| E당 | 박준형 | 5 |
| F당 | 문정혁 | 6 |
| G당 | 이채린 | 7 |

00광역시 교육감 선거
❹ 문3. 어느 후보에게 투표하셨습니까?
빈칸에 O표해 주십시오.

| 이도 | 1 |
|---|---|
| 방정환 | 2 |
| 이 이 | 3 |
| 정약용 | 4 |
| 신사임당 | 5 |

응답해주신 내용은 통계자료로만 이용됩니다. 협조해주셔서 감사합니다.

면접원 기록 가능
응답자의 성별/연령별 정보는 반드시 파악되어야 함

4

성/연령도 거절하면……

**"감사합니다."**
⇒ **성/연령을 추정하여 기입 후 투표함에 투입**

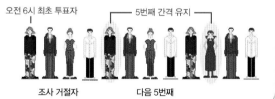

오전 6시 최초 투표자　　　　5번째 간격 유지

조사 거절자　　　　다음 5번째

3

"오늘 투표하신 시도지사 후보와 교육감을 체크하신 후
두 번 접어서 이 투표함에 직접 넣어주세요."

저는 절대 보지
않겠습니다.

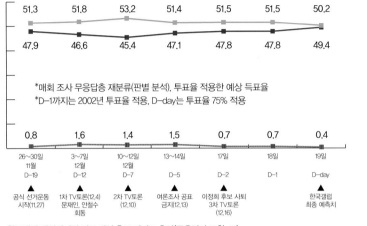

## 제18대 대선 후보 예상 득표율 추이

━■━ 박근혜  ━■━ 문재인  ━■━ 기타 후보(%)

| | 51.3 | 51.8 | 53.2 | 51.4 | 51.5 | 51.5 | 50.2 |
| | 47.9 | 46.6 | 45.4 | 47.1 | 47.8 | 47.8 | 49.4 |

*매회 조사 무응답층 재분류(판별 분석), 투표율 적용한 예상 득표율
*D-1까지는 2002년 투표율 적용, D-day는 투표율 75% 적용

| 0.8 | 1.6 | 1.4 | 1.5 | 0.7 | 0.7 | 0.4 |

| 26~30일 11월 D-19 | 3~7일 12월 D-12 | 10~12일 12월 D-7 | 13~14일 D-5 | 17일 D-2 | 18일 D-1 | 19일 D-day |

▲ 공식 선거운동 시작(11,27)  ▲ 1차 TV토론(12,4) 문재인, 안철수 회동  ▲ 2차 TV토론(12,10)  ▲ 여론조사 공표 금지(12,13)  ▲ 이정희 후보 사퇴 3차 TV토론 (12,16)  ▲ 한국갤럽 최종 예측치

### 제18대 대선 실제 득표율

| 박근혜 | 51.6% |
| 문재인 | 48.0% |
| 강지원 | 0.2% |
| 김순자 | 0.2% |
| 김소연 | 0.1% |

## 선거기간 중 누가 가장 인기 있었나?

제18대 대통령 선거에는 안철수 전 후보의 사퇴 선언과 이후 문재인·안철수 회동, 이정희 후보의 사퇴, 국정원 직원 비방댓글 의혹 등 여러 사건과 쟁점이 있었다. 그러나 선거 기간 중 여론조사 흐름에서는 그러한 사건들이 최종 결과에 큰 영향을 미치지 못한 것으로 보인다. 박근혜 후보는 공식 선거 운동 기간 시작 이후 계속 1위를 유지하며 당선에 이르렀다.

### 한국갤럽 데일리정치 지표 대선 후보 지지도 추이(무응답자 포함, %)

| | 11월 26~30일 | 12월 3~7일 | 12월 10~12일 | 12월 13~14일 | 12월 17일 | 12월 18일 | 12월 19일 |
|---|---|---|---|---|---|---|---|
| 박근혜 | 45.1 | 46.3 | 47.0 | 45.9 | 46.4 | 46.7 | 43.9 |
| 문재인 | 42.6 | 41.6 | 41.6 | 43.1 | 44.5 | 44.6 | 45.4 |
| 기타 | 0.9 | 1.6 | 1.4 | 1.5 | 0.8 | 0.7 | 0.4 |
| 모름/무응답 | 11.6 | 10.5 | 10.0 | 9.4 | 8.4 | 7.9 | 10.3 |

© 한국갤럽, "제18대 대통령 선거 결과 예측", 2012.

## 각 예측 조사의 결과는 어떠했나?

한국갤럽(휴대전화 RDD+집전화 RDD 표본프레임으로 전화조사원 인터뷰) 외에도 '방송3사'(출구조사-Exit Poll), 'YTN'(사전 모집 응답자를 대상으로 휴대전화 조사), 'JTBC'(휴대전화 RDD+집전화 RDD 자동응답)와 '오마이뉴스'(휴대전화 RDD 자동응답) 등의 언론이 제18대 대선 결과를 사전 예측했다. 각 예측 조사의 개요와 예측치는 오른쪽의 표와 같다.

### 18대 대통령 선거 예측 비교

| 조사회사 (의뢰기관) | 표본프레임 응답방식 표본크기 표본오차(95% 신뢰수준) | 실제 득표율 | | |
|---|---|---|---|---|
| | | 박근혜 후보 51.6% | 문재인 후보 48.0% | 기타 후보 0.5% |
| 한국갤럽 (자체 조사) | 휴대전화RDD+집전화RDD 전화조사원 인터뷰 2000명 ±2.2%포인트 | 50.2% | 49.4% | 0.4% |
| 미디어리서치 코리아리서치 TNS (방송3사) | 출구조사(Exit Poll) 무기명투표방식 (Ballot method) 8만6000명 ±0.8%포인트 | 50.1% | 48.9% | 1.0% |
| 한국리서치 (YTN) | 사전 모집응답자 대상 휴대전화조사 5000명 ±1.4%포인트 | 46.1~49.9% (48.0%) | 49.7~53.5% (51.6%) | (0.4%) |
| 리얼미터 (JTBC) | 휴대전화RDD+집전화RDD 자동응답(ARS) 5000명 ±1.4%포인트 | 49.6% | 49.4% | 1.0% |
| 리서치뷰 (오마이뉴스) | 휴대전화RDD 자동응답(ARS) 8600명 ±1.1%포인트 | 48.0% | 50.4% | 0.6% |

## 한국갤럽 제18대 대선 예측결과

한국갤럽의 선거 예측조사 결과 나타난 인구사회학적 특성별 투표 경향은 다음과 같다.

**성별**로 박근혜 후보는 여성, 문재인 후보는 남성 지지자가 더 많았다.
**연령별**로 제18대 대선은 역대 선거 중 세대 대립 양상이 가장 뚜렷했다.

**박근혜** 후보는 20/30대로부터 30% 내외의 지지를 받는 데 그쳤으나
50대(64.1%)와 60세 이상(74.7%)의 압도적인 지지로 이를 만회했다.
**문재인** 후보는 30대에서 71.1%로 지지가 가장 높았고 이번 선거의 최대 관심 연령대인
40대에서는 박 후보에 앞섰으나 50대 이상에서의 열세를 극복하지 못했다.

**직업별**로 화이트칼라와 학생을 제외한 모든 직업군에서 박근혜 지지자가 더 많았다.
**원적별**로 호남 원적자(아버지 고향 기준)는 문재인 지지 82.1%, 대구/경북 원적자는
박근혜 지지 72.4%로 지역 대결 양상이 재현됐다. 박근혜 후보는 호남과 서울 원적자를
제외한 모든 원적층에서 문재인 후보에 앞섰다.

## 누가 어느 후보에게 투표했나?

| | | 사례수 | 박근혜 | 문재인 | 기타 | 계 |
|---|---|---|---|---|---|---|
| | | | % | % | % | % |
| ■ 전체 ■ | 성별자 | (2000) | 50.2 | 49.4 | 0.4 | 100.0 |
| ■ 성별 | 남자 | (1002) | 47.9 | 51.6 | 0.5 | 100.0 |
| | 여자 | (998) | 52.3 | 47.4 | 0.2 | 100.0 |
| ■ 연령별 ■ | 19 ~ 29세 | (289) | 32.5 | 66.7 | 0.8 | 100.0 |
| | 30대 | (390) | 28.3 | 71.1 | 0.7 | 100.0 |
| | 40대 | (459) | 43.4 | 56.4 | 0.2 | 100.0 |
| | 50대 | (428) | 64.1 | 35.6 | 0.3 | 100.0 |
| | 60세 이상 | (433) | 74.7 | 25.2 | 0.3 | 100.0 |
| ■ 권역별 ■ | 서울 | (412) | 45.5 | 54.2 | 0.2 | 100.0 |
| | 인천 / 경기 | (570) | 48.1 | 51.4 | 0.5 | 100.0 |
| | 강원 | (62) | 61.9 | 38.1 | 0.0 | 100.0 |
| | 대전 / 충청 | (203) | 51.0 | 48.8 | 0.2 | 100.0 |
| | 광주 / 전라 | (205) | 12.3 | 87.2 | 0.5 | 100.0 |
| | 대구 / 경북 | (207) | 83.5 | 15.6 | 0.9 | 100.0 |
| | 부산 / 울산 / 경남 | (317) | 58.5 | 41.3 | 0.2 | 100.0 |
| | 제주 | (23) | – | – | – | 100.0 |
| ■ 직업별 ■ | 농 / 임 / 어업 | (63) | 63.0 | 36.3 | 0.7 | 100.0 |
| | 자영업 | (299) | 56.5 | 43.2 | 0.3 | 100.0 |
| | 블루 칼라 | (191) | 51.9 | 47.7 | 0.4 | 100.0 |
| | 화이트 칼라 | (593) | 35.4 | 64.2 | 0.5 | 100.0 |
| | 가정주부 | (512) | 61.0 | 38.9 | 0.1 | 100.0 |
| | 학생 | (150) | 30.1 | 68.4 | 1.5 | 100.0 |
| | 무직 / 기타 | (192) | 65.9 | 33.9 | 0.2 | 100.0 |
| ■ 원적별 ■ | 서울 | (118) | 45.6 | 53.9 | 0.5 | 100.0 |
| | 인천 / 경기 | (173) | 57.2 | 42.5 | 0.3 | 100.0 |
| | 강원 | (100) | 55.3 | 44.7 | 0.0 | 100.0 |
| | 대전 / 충청 | (345) | 56.9 | 42.4 | 0.6 | 100.0 |
| | 광주 / 전라 | (457) | 17.7 | 82.1 | 0.2 | 100.0 |
| | 대구 / 경북 | (333) | 72.4 | 27.0 | 0.6 | 100.0 |
| | 부산 / 울산 / 경남 | (310) | 57.7 | 42.1 | 0.2 | 100.0 |
| | 제주 | (28) | 57.5 | 42.5 | – | 100.0 |
| | 이북 / 기타 | (135) | 59.6 | 40.1 | 0.3 | 100.0 |
| ■ 지지정당별 ■ | 새누리당 | (804) | 96.6 | 3.4 | 0.0 | 100.0 |
| | 민주통합당 | (734) | 4.8 | 95.1 | 0.0 | 100.0 |
| | 지지정당없음 | (419) | 44.7 | 54.0 | 1.3 | 100.0 |

© 한국갤럽, "제18대 대통령 선거 결과 예측", 2012.

| | 박근혜 | 문재인 | 기타 후보 |
|---|---|---|---|
| 갤럽 예측 | 50.2% | 49.4% | 0.4% |
| 선거 결과 | 51.6% | 48.0% | 0.5% |
| 오차 | −1.4%p | +1.4%p | – |

표본오차 ±2.2%p(95% 신뢰수준)

−전화조사를 오전과 낮시간에만 집중하면 가정주부는
 과다포집되고 화이트칼라는 과소표집될 수 있다. 오후
 4~9시에 화이트칼라 계층이 충분히 응답하도록 해야 한다.
 가정주부 응답비율이 30%를 넘으면 잘못된 조사결과를
 얻게 된다.
−20~30대는 야당을, 50대 이상은 여당을 지지하는 비율이
 높게 나오는 것이 일반적이다.
−지역민심을 기반으로 한 한국의 정치지형에서 영·호남의
 정당별 지지율이 크게 요동치는 일은 매우 드물다.

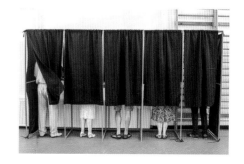

플리케이션을 통해 발신자가 여론조사회사인 것을 사전에 알고 전화를 받지 않는 응답자가 많아졌다. 그만큼 RDD 방식으로 추출한 전화번호를 추출하더라도 모집단을 대표할 만큼 충분한 표집틀을 확보하지 못하게 된 셈이다. 그 결과 선거예측은 갈수록 어려워지고 있다. 이 때문에 지난해 총선부터는 정당에서 실시하는 공천조사에서 안심번호를 쓰고 있다. 안심번호란 이동통신사가 지역·성별·연령별로 가입자를 뽑은 뒤 착신용 가상번호를 부여하는 제도로 응답자의 신분과 전화번호 유출을 막을 수 있다. 또한 RDD 방식으로 추출한 전화번호는 결번이 많은데 비해 안심번호는 실제 휴대전화를 이용하는 유효한 번호만 추출됐기 때문에 응답률을 높일 수 있다는 장점이 있다.

## 면접원 전화조사와 ARS 전화조사의 차이?

면접원이 질문 내용을 직접 불러주는 전화조사 이외에 녹음한 질문 내용을 들려주고 번호를 누르게 하는 ARS(자동응답시스템) 방식도 있다. 지난 대선에서 '리얼미터'는 RDD 집전화와 RDD 휴대전화의 비율을 50%씩 섞어 박근혜 후보 49.6%, 문재인 후보 49.4%의 초박빙 승부를 예상했다. ARS 방식은 통화음이 연결되면 응답자가 곧바로 끊어버리는 경우가 많아 응답률이 5% 미만으로 알려져 있다. 일반 전화조사의 응답률이 20~30%인 것과 비교하면 몹시 저조하다. 그만큼 특정 후보에 대한 충성도가 높은 지지층에선 응답률을 높여 한쪽에 치우친 결과를 가져올 가능성이 크다. 또한 사전에 연락된 조직원을 통해 상대적으로 응답자가 적은 20~30대로 나이를 속이고, 지지후보를 선택하면 여론을 조작할 수 있다. 이 때문에 2011년 한국통계학회는 "ARS 조사방법은 표본조사가 기본적으로 고려해야 할 사항들(표집틀, 표본 추출방법, 응답률, 추정방법 등)에 대하여 학술적 혹은 경험적으로 검증, 논의된 바가 없습니다"라며 "현 시점에서는 ARS 조사방법의 과학성을 인정할 수 없다고 판단됩니다"는 입장을 발표했다. 지난 대선에서 한국갤럽은 RDD 집전화와 RDD 휴대전화를 50%씩 섞어 면접원이 2000명에게 전화면접을 하는 방식으로 선거 전날인 18일 박근혜 후보 51.5%, 문재인 후보 47.8%라는 실제 결과와 거의 일치하는 결과를 얻었다.

그러나 선거 당일 지난 16대(70.8%)와 17대 대선(63.0%)보다 투표율이 높은 75.8%로 치솟아 20~30대의 투표율이 증가할 것으로 내다봤다. 이를 반영해 젊은 층의 지지표에 가중치를 준 결과 박근혜 후보 50.2%, 문재인 후보 49.4%로 전날 예측보다 실제 결과에 못 미치는 아쉬움을 남겼다.

18대 대선에는 한국갤럽이 유권자의 간을 제대로 보았지만, 다음번 대선에서도 정확한 선거예측을 하리라 장담할 수는 없다. 18대 대선에서 크게 틀렸던 한국리서치(YTN)는 17대 대선에서는 오히려 가장 실제 결과와 근접했다. 여론조사에서 가장 중요한 것은 모집단에 가장 가까운 표본을 추출하는 것, 그리고 솔직한 마음이 나오도록 세심하게 조사하는 것이다. 그러나 시대가 달라지면 이전에 정확했던 방식이 어긋나게 된다. 따라서 실패를 많이 경험한 여론조사 기관이 다음번 선거에서 무엇을 해야 하는지 잘 알게 된다. 여론조사는 실패를 통해 발전하는 과학이기 때문이다.

# 가습기 살균제

## 이영혜

전자공학도가 되려고 했으나 복잡한 회로식 속에서 길을 잃고, 덕분에 《과학동아》 기자가 됐다. 8년이라는
길지 않은 경력 중에 잡지 외에도 신문과 방송, 인터넷 등 다양한 매체를 거쳤다. 최근엔 이런 경험을 잡지에 녹여
《과학동아》의 움직이는 그래픽 '모션그래픽'을 신나게 만들고 있다.

# 침묵의 살인자 옥시,
# 목숨을 앗아간
# 독성물질의 실체

가습기 살균제 사태로 문제가
된 다국적 기업(영국) 옥시
레킷벤키저사 제품들

　　역사상 최악의 화학물질 사고로 기록될 가습기 살균제 사태는 지난 십수 년 동안, 전국 수백만의 가정에서 조용히 진행되어 왔다. 2000년대 초, 옥시 레킷벤키저(현 PB코리아, 이하 옥시)를 포함한 몇몇 화학제품 회사들은 가습기 살균제를 제조해 판매하며 '인체에 안전한 성분을 사용해 안심하고 사용할 수 있다', '흡입해도 인체에 무해하다'는 거짓광고를 실었다. 소비자들은 이 말만 믿고 가습기 살균제를 분무액에 넣어 사용했다. 가습기 살균제 비극의 시작이었다.

　　어느 날부터 가습기 살균제를 사용한 사람들은 숨을 쉬기 어렵다는 고통을 호소하기 시작했다. 빠르면 수일 내에, 늦으면 몇 년에 걸쳐 폐가 딱딱하게 굳으며 급기야는 사망에 이르기도 했다. 호흡기 면역력이 약한 영유아와 임신부의 피해가 특히 컸다. 정부에 신고된 가습기 살균제 1, 2차 피해자 530명(사망 140명) 중 6세 이하 영유아가 58%, 임신부가 15%나 됐으니까 말이다. 2016년 여름까지 접수된 가습기 살균제 피해자 4486명 가운데 20.5%인 919명이 목숨을 잃었다.

그러나 가습기 살균제 제조사는 일찍이 제품이 인체에 유해하다는 사실을 알면서도 판매를 멈추지 않았다. 일부 성분에 대해서는 외부 전문가와 짜고 유해성 검증 실험을 조작하기도 했다. 2011년 말, 정부가 나서서 제품을 회수하고 본격적인 조사에 들어갔으나, 일부 상품은 이런 조사에서마저 누락됐다. 안전성이 불분명하다는 이유에서였다. 그사이 안타까운 목숨을 추가로 잃었다. 가습기 살균제 사태는 현재 제품의 유해성을 조작한 제조사와 전문가가 유죄 판결을 받으면서 수습 국면을 맞고 있다. 하지만 이 모든 재난이 마트에서 누구나 쉽게 살 수 있는 가습기 살균제 때문에 벌어진 일이라는 사실에 사람들이 겪는 정신적 트라우마는 쉽게 사라지지 않을 것이다. 제2의 가습기 살균제 사건을 막기 위해 가습기 살균제 사태의 본질과 우리가 할 수 있는 일에 대해 알아봤다.

**시민단체 추정
가습기 살균제 피해자
총 4486명**

**사망자919명**

옥시 불매운동을 벌이는 사람들

## 목숨을 앗아간 독성물질의 실체

가습기

우리나라 사람의 3분의 1이 사용한다는 가습기의 생명은 청결이다. 가습기의 물통 안에서 박테리아나 곰팡이가 자라면 물방울에 실려 사람의 폐로 들어갈 수 있기 때문이다. 물속에 미네랄이 침전돼도 미세한 먼지가 물방울에 녹아 폐로 들어가 가습기로 인한 폐질환을 유발할 수 있다. 따라서 가습기를 사용하는 사람들은 번거롭더라도 물을 채울 때마다 매번 가습기 물통을 깨끗이 씻어야 했다. 그런데 2000년대 초반, 이런 귀찮은 문제를 단번에 해결할 수 있다며 가습기 살균제가 등장했다. 제조사들은 가습기를 씻는 대신 물을 채울 때 살균제를 함께 넣어주기만 하면 된다고 광고했다.

가습기 살균제 성분들은 물에 잘 녹아서 물방울을 타고 폐로 들어갔다. 이것들은 폐포의 단백질과 결합하며 곰팡이, 미세먼지보다 더 단기간에 폐포를 치명적으로 손상시켰다. 가습기 살균제 피해자의 66.9%가 살균제를 1년도 안 썼는데도 폐가 굳거나 사망했다. '옥시 싹싹 가습기 당번'과 '세퓨 가습기 살균제' 등 폐 손상을 초래한 주요 살균제 성분은 '구아니딘(Guanidine)' 계열의 살생물제인 폴리헥사메틸렌구아니딘(Polyhexamethylene guanidine, PHMG)과 염화에톡시에틸구아니딘(Oligo(2⁻)ethoxyethyl guanidine chloride, PGH), '이소싸이아졸리논(Isothiazolinone)' 계통의 클로로메틸아이소싸이아졸리논(Chloromethylisothiazolinone, CMIT)과 메틸아이소싸이아졸리논(Methylisothiazolinone, MIT)이었다. PHMG는 그중에서도 사망자를 가장 많이 발생시켰다.

이런 성분들은 원래 샴푸, 로션, 물티슈 등 생활용품에 쓰일 목적으로 개발된 것이었다. 피부에 닿거나 삼켰을 때 인체에 유해하지 않다는 안전성 검사도 통과한 상태였다. 실제로 한국화학연구원 안전성평가연구소가 2015년 발표한 '바이오사이드 유효성분의 유해성 평가기술 개발' 보고서를 보면 시중에 판매되는 살생물제 제품 1432개 중 329개

안전성 검사를 통과한 가습기
살균제 검출 제품

는 앞서 말한 살생물제(Biocide)를 사용하고 있다. 최근 몇몇 치약에서 CMIT, MIT 성분이 나온 것도, 가습기 살균제에 들어 있던 것과 같은 물질은 아니지만 섬유탈취제인 '페브리즈'에 흡입 시 폐를 손상할 수 있는 4차 암모늄 클로라이드와 벤조아이소싸이아졸리논(BIT)이 들어 있는 것도 같은 이유다. '자라 보고 놀란 가슴, 솥뚜껑에도 놀란다'는 말처럼 화학제품 포비아(공포)를 이해하지 못하는 것은 아니지만, 과학적으로 살생물제에 독성물질이 사용되는 것 자체가 놀랄 일은 아니다.

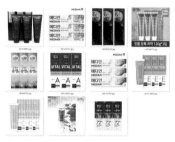

가습기 살균제 성분이 들어간
아모레퍼시픽 제품

　　문제는 사용 방법이었다. 이덕환 서강대 화학과 교수는 "유기생물을 제거하는 목적으로 개발된 제품에는 어느 정도 독성이 있는 물질이 사용된다"며 "제품에 쓰인 성분도 중요하지만, 그 제품에 우리가 어떻게 얼마나 노출되고 있는지를 잘 생각해봐야 한다"고 조언했다. 유해한 화학 성분으로 만들어진 살생물제라고 하더라도, 용도나 인체에 노출되는 방법에 따라 나타나는 독성이 완전히 다르다. 실제로 살생물제는 방부제, 살균제, 보존제, 항생제 등 종류가 다양하고 독성을 나타내는 정도도 천차만별이다. 포르말린과 같은 방부제는 독성이 강한 만큼 손으로 만지는 것조차 금지돼 있다. 가습기 살균제는 피부 노출까지는 허용되지만 흡입이나 섭취는 금지된 살생물제다. 보존제는 정부가 독성을 고려해 허용량을 정해준다. 항생제는 의사의 처방이 있어야만 먹을 수 있다. 이처럼 물질마다 사용 방법이 다르기 때문에 화학에서는 물질의 위험 크기를 물질이 가진 독성과 노출 수준의 곱으로 결정한다. 좀 더 정확히는 이것을 '노출계수'로 정의한다. 노출계수는 독성물질의 농도, 제품의 사용량은 물론이고 제품을 사용하는 빈도와 양, 노출시간, 접촉면적, 체중, 사용하는 공간 넓이 등을 합산해 정량적으로 나타낸다. 같은 성분으로 만든 제품이라도 실내공기 정화용인지 섬유에 뿌리는 탈취용인지, 영유아용인지 일반 성인용인지, 액상인지 자동 분사되는 스프레이형인지에 따라 본래는 노출계수가 달라진다. 노출계수가 지나치게 높지 않도록 독성물질의 농도가 높으면 사용 빈도를 낮추는 적절한 지침이 필요하다.

**가습기 살균제에 사용된 살생물제**

| 종류 | 화학식 | 구조 | 특성 |
|------|--------|------|------|
| PHMG | (C7H15N3)n | | 강한 염기성을 가진 '구아니딘(Guanidine)' 계열의 살생물제. 생리적 조건에서는 +1가의 양이온으로 존재하는 양이온성 계면활성제. 구아니딘염은 세균의 세포막을 터트려 죽이는 기존 살균방식과는 달리 세포막을 통해 세포 내부로 침투해 DNA 복제와 호흡을 억제하는 독특한 살균성분으로 매우 강력한 살균효과를 낸다고 알려져 있다. |
| PGH | C7H22ClN5O2 | | |
| CMIT | C4H4ClNOS | | '이소싸이아졸리논(Isothiazolinone)' 계통의 화합물. 물에 잘 녹고 항균성, 항박테리아성 특성을 가지고 있어 화장품, 포장재 등에 부식방지제나 소독제로 쓰인다. 고농도로 사용할 경우, 피부나 세포 상피의 단백질과 결합해 세포를 파괴할 수 있다. CMIT와 MIT를 3:1로 혼합한 제품이 상업적으로 널리 사용된다. |
| MIT | C4H5NOS | | |

## '노출지침' 지키지 않아 대참사

하지만 가습기 살균제 사고에서는 이 같은 노출지침이 지켜지지 않았다. 가습기 살균제를 가습기를 세척하는 용도가 아닌, 분무액에 직접 넣어 사용한 것이다. 사용 방법이 달라지면 그에 따른 독성 영향이 미리 파악돼야만 한다. 그러나 옥시 등 가습기 살균제 제조사는 하루 한두 번 피부에 노출됐을 때 안전하다고 알려진 물질을 24시간 흡입해도 안전하다고 주장했다. 그렇다면 가습기 살균제 피해자들이 흡입한 독성의 양은 얼마나 될까. 박동욱 한국방송통신대 환경보건학과 교수팀이 2016년 6월 '한국환경보건학회지'에 발표한 논문에 따르면 피해자들은 하루에 PHMG를 최대 1225μg, PGH를 최대 53μg, CMIT와 MIT 혼합물은 74μg 흡입한 것으로 추정된다. 이것은 연구팀이 피해신고자의 가정을 직접 방문해 설문조사를 진행한 뒤 추정한 결과로, 1mg은 백설탕 알갱이 20개 정도에 해당하는 양이다(DOI: 10.5668/JEHS.2016.42.3.141). 과연 이것이 단기간에 폐 손상과 사망을 초래할 정도의 양이었는지는 판단하기 어렵다. 가습기 살균제에 사용한 유해 물질에 대한 안전 기준이 없기 때문이다. 역치(안전하다고 여기는 양), 무관찰 작용량(동물실험에서 임상적, 병리적, 생리적 독성 영향이 관찰되지 않은 양), 독물실험 결과를 근거로 사람에게 안전한 것으로 추정된 양과 같은 기초 독성자료도 없다. 다만 폐암을 일으키는 다른 독성물질, 예를 들면 모래먼지의 기준($25μg/m^3$)이나 비소($0μg/m^3$), 크롬 기준($10μg/m^3$) 등과 비교했을 때 가습기 살균제 피해자가 흡입한 것으로 추정되는 화학물질의 양(PHMG 기준 $1225μg/m^3$)이 상당히 많다는 것만 직관적으로 알 수 있을 뿐이다.

게다가 PHMG와 PGH 입자는 평균 크기가 30~80nm 수준으로 굉장히 작아서 쉽게 가라앉지 않고 공기 중에 그대로 남아 있을 가능성이 높다. 연구팀은 사람들이 보통 겨울철에 잠을 잘 때는 문을 닫고 자는 데다 영유아, 어린이의 방은 성인의 방보다 크기가 더 작기 때문에 시간이 흐를수록 공기 중에 누적되는 가습기 살균제의 독성물질 양이 더 많을 것이라고 분석했다.

## 곳곳에 도사리는 유해 물질의 위협

시중에 판매되는 흡입용 제품은 가습기 살균제와 마찬가지로 흡입 독성 시험을 거치지 않았다. 가습기 살균제와 유사한 사고가 또다시 발생할 가능성이 도사리고 있는 셈이다. 최근 이슈가 된 섬유탈취용 살균소독제인 '페브리즈' 사례를 보자. 페브리즈에는 4차 암모늄 클로라이드가 들어 있다. 제조사는 미국과 유럽에서 허가를 받아 문제가 없다

## 가습기 살균제 피해자가 흡입했을 것으로 추정되는 살균제 독성물질 양

(단위 : μg/m³)

| 시간별 공기 변화(ACH) | 방 체적 (W×L×H), m³ | | | |
|---|---|---|---|---|
| | 2.5×4×2.5 | 3×4×2.5 | 3.5×4×2.5 | 5×7×2.5 |
| 1 | 102.4 | 85.3 | 73.1 | 29.3 |
| 2 | 51.2 | 42.7 | 36.6 | 14.6 |
| 3 | 34.1 | 28.4 | 24.4 | 9.8 |
| 4 | 25.6 | 21.3 | 18.3 | 7.3 |

W: 폭, L: 길이, H: 높이
흡입하는 살균제 농도는 방의 체적, 환기 정도에 따라 달라진다. 아이들의 방 크기(2.5m×4m×2.5m(약 25m³))로 계산하면 공기 중 살균제 물질의 농도가 102.4μg/m³까지 높아진다.
© 한국환경보건학회지 42(3), 2016. 6, 141~146쪽.

고 주장하지만 피부 노출에 대한 안전성 평가를 받았을 뿐, 호흡했을 때의 위험을 측정하는 시험을 거치지 않았다. 밀폐된 공간에서 페브리즈를 지나치게 많이 뿌려선 안 되는 이유다. 등산화나 자동차 유리에 물이 스며들지 않도록 뿌리는 발수 코팅제도 조심해야 한다. 안전성평가연구소 흡입독성연구센터가 지난여름 국내 판매량이 많은 스프레이 제품 6종을 조사해 발표한 결과에 따르면, 시판 중인 6가지 스프레이 제품 중 호흡기 독성이 가장 심각한 제품은 발수 코팅제였다. 미용실에서 사용하는 헤어스프레이는 발수 코팅제보다는 독성이 낮았지만 미용사 등이 실내에서 반복해서 사용하기 때문에 사용 시 주의해야 한다고 연구팀은 밝혔다. 셔츠 한 벌을 다릴 때 다림질 보조제에서 나오는 유해물질 CMIT의 양이 가습기 살균제를 최대 5시간 사용했을 때 나오는 양과 맞먹는다는 연구결과도 있다. 환경부 산하 한국환경산업기술원이 최근 국내외 소비자 500명을 설문하고 종합한 결과에 따르면, 시중에 판매되는 다림질 보조제 16종 중 5종에는 주성분인 녹말이 상하지 않도록 하는 살균 방부제 성분으로 CMIT와 MIT가 각각 5~13ppm(제품 1kg당 5~13mg), 5~9ppm씩 들어 있다. 이것을 희석해 사용할 경우 시간당 배출되는 CMIT의 양은 약 1.17mg이다. 옷에 뿌리는 다림질 보조제와 코로 직접 흡입하는 가습기 살균제를 단순 비교할 수는 없겠지만, 가습기 살균제에서 배출되는 CMIT가 0.25mg이라는 점을 고려했을 때 결코 적은 양이 아니다. 환경부는 이번 가습기 살균제 사태를 계기로 모든 공기 노출형 화학제품의 흡입독성을 조사하겠다고 발표한 바 있다. 하지

페브리즈

만 비용과 시간 때문에 현실성이 떨어진다. 현재 우리나라에서 흡입독성 시험이 가능한 기관은 안전성평가연구소(KIT) 등 전국에서 세 곳에 불과하다. 검사 비용도 3억 원이 넘는 것으로 알려져 있다. 동물을 대상으로 실험하기 때문에 시간이 오래 걸리고 동물 복지를 해친다는 비판에서도 자유로울 수 없다. 최근 제품으로 개발된 새로운 제형, 예를 들면 향초나 겔 형태의 제품은 국내외적으로 분석방법도 아직 정해져 있지 않아 분석에 오랜 시간이 걸릴 것으로 예상된다.

시중에 판매 중인 발수 코팅제

## 가습기 살균제, 폐뿐 아니라 다른 장기도 위험

가습기 살균제 피해자의 대부분은 돌이킬 수 없는 폐 손상을 겪었다. 호흡기를 통해 노출되는 화학물질은 다른 기관에 비해 특히 위험하다. 호흡기를 구성하는 세포가 피부나 소화기를 이루는 세포보다 독성에 훨씬 약하기 때문이다. 다른 세포에 비해 흡수력이 더 크고 독성물질에 노출됐을 때 물로 씻어낼 수도 없다. 안전성 평가 시 피부에 대한 독성과 흡입독성을 따로 구분해야 하는 이유다. 정해관 성균관대 의과대학 사회의학교실 교수가 2016년 6월 3일 '가습기 살균제 건강피해 구제 방안'을 주제로 발표한 자료에 따르면 가습기 살균제는 점막세포 변성, 간질성 폐렴 및 기관지염, 흉선비대, 심한 비점막자극 및 호흡곤란 등 호흡기에 다양한 피해를 준다.

하지만 다른 장기라고 반드시 안전한 것은 아니다. 김성균 서울대 환경보건학과 교수는 2016년 6월 2일 서울대 보건대학원에서 열린 '가습기 살균제와 공중보건 위기' 집담회에서 가습기 살균제에 사용된 PHMG 성분이 동물실험에서 자궁탈출증, 전립선 비대증뿐 아니라 염색체 이상까지 유발했다고 밝혔다. 가습기 살균제가 폐 외에도 피해를 줄 수 있다는 사실에 놀란 언론 등이 이에 대한 내용을 대서특필했지만 사실 수년 전부터 알려져 있던 사실이다. 적절한 예방 조치와 피해자에 대한 구제가 제대로 이뤄지지 않아 같은 경고가 반복될 뿐이다.

살균제가 들어간 제품들

## 살균제와 보존제는 구분해야

생활용품 속에 들어 있는 화학물질에 대한 거부감이 높아지면서 살균제뿐만 아니라 보존제까지 유해하고 피해야 하는 것으로 오인하는 경우가 종종 있다. 하지만 둘은 독성이나 사용방법이 엄연히 다르다. 방향제, 탈취제, 섬유유연제, 다림질 보조제, 물티슈 등 수분이 많이 든 제품에는 기본적으로 보존제가 들어간다. 제품이 공기와 접촉한 이후에 세균이나 곰팡이가 자라지 않도록 막기 위해서다. 보존제는 보통 독성이 강하지 않다. 이덕환 서강대 화학과 교수는 "보존제의 용도는 살균이 아니다"라며 "독성물질의 양도 원래 살균제나 소독제의 10분의 1 이하"라고 설명했다. 실제로 보존제 중에는 CMIT, 파라벤처럼 독성을 가진 물질도 있지만, 에탄올이나 구연산, 아스코르브산(비타민C) 같은 천연물질도 있다.

제브라피시

안전성평가연구소 흡입독성연구센터가 2014년 5월부터 12월까지 PGH에 대한 5가지 독성실험을 해서 작성한 '생활화학용품 함유 유해화학물질 건강영향연구' 보고서에 따르면, PGH를 반복적으로 흡입한 쥐는 호흡기계통(폐, 비강, 기관 및 후두)에 심각한 손상을 입었다. 뿐만 아니라 체중이 줄고 전립선, 흉선의 중량이 증가하는 등 다른 장기에도 이상 증세가 나타났다. 2011년 한국건설생활환경시험연구원(KCL)이 조사한 실험결과도 비슷했다. 고농도의 살균제 물질에 노출된 쥐의 경우 간세포가 괴사하거나 위와 쓸개가 비대해지는 증상이 나타났다.

조경현 영남대 의생명공학과 교수는 2012년에 이미 '제브라피시'를 이용해 가습기 살균제 성분이 심혈관에 급성 독성을 일으키고 피부에 노화를 촉진한다는 사실을 밝혔다. 연구팀은 PHMG와 PGH 두 물질을 사람의 피부, 혈관 세포와 제브라피시의 배아와 성체에 투여했다. 당시만 해도 PGH는 세균은 죽이지만 사람과 동물에게는 무해하다고 알려져 있었다. PHMG는 유독물질로 등록조차 되지 않은 상태였다.

하지만 PHMG를 제품에 표기된 권장사용량의 10분의 1로 희석해 사용한 실험에서 사람 피부세포의 절반이 죽고, 혈관세포에서 동맥경화 증상이 일어나는 끔찍한 결과가 나왔다. 또 PHMG를 권장사용량만큼 넣은 물에 제브라피시를 넣었더니 65~75분 만에 모두 죽었다. 죽은 제브라피시의 간에서는 지방간 증상과 염증이 발견됐고 심장은 섬유화

## 가습기 살균제 물질 우리 몸에 얼마나 해롭나

가습기 살균제로 인한 주된 피해는 폐 손상이다. 호흡기를 구성하는
세포가 피부나 소화기를 이루는 세포보다 독성에 훨씬 약하기 때문이다.
하지만 동물실험 결과 다른 장기들에도 이상 증세가 발견돼 살균제
물질이 모세혈관을 통해 온몸으로 퍼질 수 있다는 증거가 속속 드러나고
있다. 실제로 PHMG, CMIT, MIT 등 가습기 살균제 성분은 크기가 nm
단위로 초미세먼지보다 작아 모세혈관 벽을 충분히 통과할 수 있다.

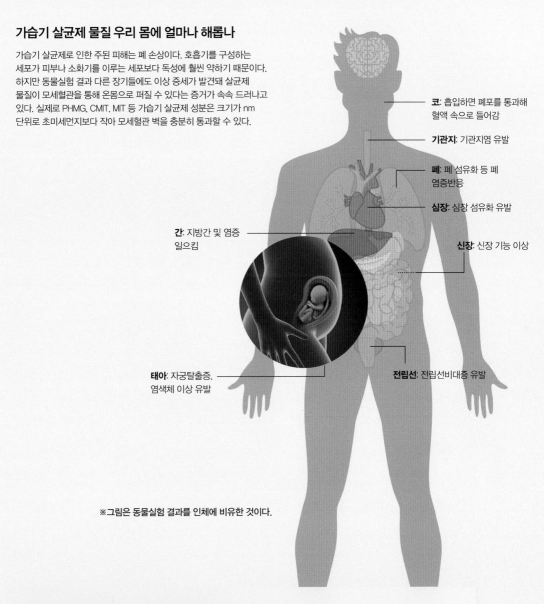

**코**: 흡입하면 폐포를 통과해
혈액 속으로 들어감

**기관지**: 기관지염 유발

**폐**: 폐 섬유화 등 폐
염증반응

**심장**: 심장 섬유화 유발

**신장**: 신장 기능 이상

**간**: 지방간 및 염증
일으킴

**태아**: 자궁탈출증,
염색체 이상 유발

**전립선**: 전립선비대증 유발

※그림은 동물실험 결과를 인체에 비유한 것이다.

## 가습기 살균제 성분과 초미세먼지 크기 비교

| 가습기 살균제 성분 | 초미세 먼지 | 미세먼지 황사 | 머리카락 |
|---|---|---|---|
| PHMG 75~118nm | ○ PM2.5 지름 2.5㎛ 이하 | ○ PM10 지름 10㎛ 이하 | ○ 50~70㎛ |

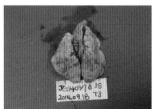

가습기 살균제 성분을 반복적으로 흡입한 쥐의 폐 손상. 고농도로 노출된 폐(아래)가 흡입하지 않은 쥐의 폐(위)에 비해 훨씬 비대하다.
© 안전성평가연구소 흡입독성연구센터, '생활화학용품 함유 유해화학물질 건강영향연구' 보고서.

가 심하게 진행돼 동맥이 막혀 있는 상태였다. PGH에 노출시킨 제브라피시 배아는 발달 속도가 점점 느려지다가 결국 죽었다. 이 연구결과는 2012년 독성학 분야 학술지 '심혈관 독성학'에 실렸다.

조 교수는 2016년 《과학동아》와의 인터뷰에서 "살균제 물질이 모세혈관을 통해 온몸으로 퍼져 이동한 결과"라며 "사람의 경우엔 모세혈관이 많아 혈액이 몰리는 신장과 심장이 특히 악영향을 받을 수 있다"고 설명했다. 실제로 PHMG와 같은 성분은 크기가 75~118nm 수준으로 초미세먼지($2.5\mu m$)보다도 훨씬 작다. 즉 모세혈관 벽을 손쉽게 통과한다. CMIT, MIT 성분은 PHMG보다도 수백 배 크기가 더 작아 피해가 얼마나 더 클지 현재로썬 가늠하기 어렵다.

## 동물실험, 어디까지 믿을 수 있을까

가습기 살균제의 유해성이 밝혀지기까지는 10년이 넘는 오랜 시간이 걸렸다. 유해 물질을 넣은 살균제가 제품으로 출시되기 시작한 것이 2001년인데, 유해성이 본격적으로 부각되기 시작한 시기는 2011년 이후다. 질병관리본부는 2011년 임신부 7명이 중증 폐렴으로 한꺼번에 입원하고 이들 중 4명이 사망한 뒤에야 가습기 살균제를 폐질환의 원인으로 추정하며 뒤늦게 조사에 나섰다. 가습기 살균제의 독성시험은 한국건설생활환경시험연구원(KCL), 서울대, 호서대 등 여러 기관에서 진행됐다. 서울대와 호서대에서 진행된 시험은 옥시가 직접 의뢰한 시험이었다. 주된 시험은 살균제 물질을 세포에 노출시키는 세포 독성실험(실험실 조건)과 쥐에게 직접 살균제 물질을 흡입하게 하는 동물실험(생체 조건)이었다. 이 과정에서 PHMG, PGH 계열 제품의 독성은 밝혀졌지만, CMIT, MIT의 독성은 밝혀지지 않았다. 쥐에게 CMIT, MIT 물질을 노출시켰을 때 폐 손상 증상이 나타나지 않았던 것이다.

질병관리본부는 이를 바탕으로 2012년 2월 CMIT, MIT 물질이 들어간 제품에서 폐섬유화 소견이 발견되지 않았다고 밝혔다. 그러면서 폐 손상이 발견된 PHMG와 PGH가 들어 있는 가습기 살균제 제품 6개만 강제 수거하고, CMIT와 MIT 혼합물이 들어 있었던 다른 가습기 살균제 제품은 수거하지 않았다. 환경부가 2012년 9월 미국환경청(EPA) 자료를 근거로 CMIT, MIT를 유독한 물질로 바로잡았지만, 이후에도 CMIT, MIT가 들어 있는 제품을 사용한 피해자들은 오랫동안 그로 인한 피해를 제조사로부터 인정받지 못했다. 질병관리본부의 실험이 CMIT, MIT 제품에 중요한 면죄부를 줬던 셈이다. 최근 조사에서 당시 독성시험은 윤리적으로 심각한 문제가 있었던 것으로 드러났다. 옥시로부터 독성시험을 의뢰받은 서울대 교수가 금품을 받고 옥시에게 불리한 실험 데이터를 의도적으로 누락한 사실이 뒤늦게 밝혀진 것이다. 해당 교수는 '가습기 살균제와 폐 손상 사이의 인과관계가 명확하지 않다'는 취지로 보고서를 써줬다. 이에 대해 재판부는 증거위조죄에서 말하는 '새로운 증거 창조 행위'에 해당한다고 밝히면서 실험을 진행했던 해당 교수에게 유죄 판결을 내렸다.

이번 사건은 명백히 연구부정 비리 사건이지만, 동시에 독성실험의 한계를 나타내고 있기도 하다. 동물을 통해 항상 정확한 실험 결과를 얻을 수 없고, 전문가의 해석이 개입될 수밖에 없다는 한계 말이다. 앞서 제브라피시로 살균제 독성을 시험했던 조 교수도 "동물실험은 독성을 판가름할 수 있는 하나의 잣대일 뿐 100% 절대적인 것이 아니다"라며 "쥐는 대사하는 단백질이 사람과 다르고, 세균에 대한 저항성도 사람보다 강하다"고 설명했다. 실험 과정에서 어떤 물질이 쥐에게 독성을 나타내지 않았다고 해서, 그것이 사람에게도 치명적이지 않다고 말할 수는 없다. 이덕환 서강대 화학과 교수는 "지금까지 나와 있는 독성실험 데이터는 전부 대형 (인명) 사고에서 얻은 결과"라며 "이번에도 쥐실험으로 가습기 살균제의 인과관계를 밝히기보다는 피해자의 의료 기록을 보는 것이 더 정확할 것"이라고 조언했다. 가습기 살균제를 사용한 사람 중 나이에 비해 혈관이나 신장 기능이 좋지 않은 사람이 있다면 살균제 피해일 가능성을 열어두고 인과관계를 찾는 식이다. 실제로 홍

수종 울산대, 서울아산병원 교수팀 등 국내 공동연구팀은 가습기 살균제와 관련해 어린이 폐질환 역학조사를 벌여 의미 있는 연구결과를 '미국호흡기중환자학회지' 2014년 1월호에 발표했다. 연구팀은 2006년부터 2011년 11월 가습기 살균제 수거 명령이 떨어지기 전까지, 전국 84개 병원의 어린이 폐질환 환자를 조사했다. 그 결과 2011년 11월 전까지는 입원환자 138명 가운데 80명이 사망했지만, 이후에는 환자가 한 명도 발생하지 않았다는 사실을 알아냈다. 가습기 살균제와 폐질환으로 인한 사망의 상관관계를 추적을 통해 명확히 밝혀낸 것이다.

박동욱 한국방송통신대 환경보건학과 교수 역시 2016년 7월 '환경독성보건학회지'에 발표한 논문의 한글 추가 자료에서 가습기 살균제 피해를 판정할 때 임상검사나 독성실험 등을 전제로 판정기준을 개발하는 것은 비현실적이라고 비판했다. 그는 "피해자가 영향을 받을 수 있는 질병을 판단할 때 생물학적 타당성, 피해자가 호소하는 증상 및 유병률, 관련 문헌 등을 종합적으로 검토해야 한다"며 "피해신고자의 과거 병원 진료기록을 바탕으로 가습기 살균제 사용 여부와 질병의 연관성을 신속하게 판정하는 것이 필요하다"고 강조했다(DOI: https://doi.org/10.5620/eht.e2016014).

## 유해 화학물질 정보, 접근성 높여야

일상생활 속에서 제2, 제3의 가습기 살균제 사태가 일어나지 않도록 막기 위해서는 일단 유해한 화학물질에는 어떤 것들이 있는지 알아야 한다. 화학물질은 전 세계적으로 1200만 종이 있고 매년 약 2000여 종이 새롭게 개발돼 상품에 적용된다. 이런 화학물질은 사용하는 용도에 따라 크게 의약품, 농업용, 산업용으로 구분되는데, 의약품은 식품의약품안전처에서 약사법으로, 농약과 비료는 농림수산식품부에서 농약관리법과 비료관리법으로 따로따로 관리를 한다. 반면 산업용은 유해화학물질관리법을 적용해 관리한다. 산업용 화학물질 중 위해성이 특히 높은 '유독물' '관찰물질' '취급제한물질' '취급금지물질' '사고대비물질' 등이 바로 환경부의 소관이다. 종류로 치면 세정제와 접착제, 코팅제, 표백제, 섬유유연제, 탈색제, 방충제, 방부제 등 15종류다. 대표적으로 세균과 곰팡이 바이러스를 억제하는 데 효과적이라고 알려진 '차아염소산나트륨', 방부제로 많이 쓰이는 '브로노폴', 살균 소독 성분인 '다이에탄올아민' 등이 있다. 대표적인 화학물질들은 독성이 이미 파악됐다. 차아염소산나트륨은 사람의 피부에 4시간 이상 노출시키면 피부에 자극을 일으킨다는 연구결과가, 브로노폴은 눈에 들어가면 손상을 입힐 수 있다는 연구결과가 각각 나와 있다. 다이에탄올아민은 체내 발암물질인 나이트로사민으로 변형돼 간암의 원인이 될 수도 있다. 하지만 이렇게 환경부가 독성을 파악하고 있는 물질은 6600여 종뿐이다. 이는 현재 우리나라에서 사용되는 화학물질 4만 3000여 종 가운데 15%에 불과하다("생활화학용품 함유 유해화학물질 건강영향연구", 국립환경과학원, 2014). 또한 독성이 확인된 물질은 소비자가 쉽게 확인할 수 있어야 하는데 아직 미비한 부분이 많다. 일단 제품에 어떤 화학물질이 들었는지 정확히 알기 어렵다. '화학물질 등록과 평가 등에 관한 법률'에 따라 환경부에 등록된 유독물질 성분 870여 종, 발암물질 성분 120여 종이 아니면 화학물질의 이름을 정확히 공개하지 않아도 되기 때문이다. 최근 문제가 불거진 페브리즈의 경우에도 제품 겉면에는 '4차 암모늄 클로라이드' 대신 '미생물 억제제'라고 표기돼 있다. 그 밖에도 마트에 가면 내부 물질을 '향료'나 '계면활성제'라고 두루뭉술하게 표기한 제품들이 수두룩하다.

그래도 다행인 것은 이번 가습기 살균제 사태를 계기로 모든 화학물질의 이름을 제품에 정확히 표기해야 한다는 주장이 힘을 얻고 있다는 점이다. 즉 적어도 검색이 가능해진다는 소리다. 국립환경과학원은 화학물질의 정보를 검색할 수 있는 '화학물질정보시스템(ncis.nier.go.kr)'이라는 사이트를 운영하고 있다. 검색창에 'PHMG'를 치면 폴리헥사메틸렌구아니딘의 인산염 또는 염산염을 1% 이상 함유한 혼합물을

브로노폴(모이스처라이저, 바디워시, 페이셜 클렌저, 메이크업 리무버, 안티에이징 제품에 쓰임), 다이에탄올아민(자외선차단제, 모이스처라이저, 파운데이션, 염색약에 쓰임) 등의 화학물질이 들어간 화장품들

계면활성제는 비누, 치약, 샴푸를 비롯한 생활용품부터 여러 식품에 이르기까지 우리 생활의 많은 곳에 사용되고 있다.

2012년 유독물질로 지정했음을 알 수 있다.

그 밖에 화학물질안전원에서 운영하는 '화학물질안전관리정보시스템(kischem.nier.go.kr)' 사이트는 화학물질의 분자량이나 용해성, 축적성, 분해성, 항균력 등 좀 더 다양한 물성 정보를 제공하고 있다. 다만 이번에 문제가 된 CMIT같이 해외에서 많이 쓰이는 화학물에 대한 검색은 잘 되지 않는다. 사이트 관계자는 해외에서 많이 쓰이는 화학물질이나 혼합물의 대한 정보가 부족한 것이 사실이라고 말했다.

박동욱 교수는 2016년 7월 '환경독성보건학회지'에 발표한 자료에서 "화학물질의 독성자료를 등록하고 어떤 용도로 어디에서 쓰이는지 국가 인벤토리를 만드는 것은 기본이지만, 화학물질 관리의 시작에 불과하다"고 말했다. 기업이 제출한 제한된 독성정보, 용도, 노출 시나리오에 근거해 자료를 등록하고, 제품의 허가 여부를 결정하는 것은 불확실성이 크다는 것이다. 더 중요한 과정은 이 같은 화학물질 독성정보를 바탕으로 화학물질이 제품에 실제로 어떤 형태로 들어 있는지, 제품을 사람들이 어떻게 사용하는지 모니터링하고 감시하는 시스템을 만드는 것이다.

## 남용하지 않는 미덕을 보일 때

방청제, 김서림 방지제, 스티커 제거제, 표면보호코팅제, 문신용 염료, 방충제, 소독제, 미생물 탈취제, 방부제, 자동차 스프레이, 물체 염·탈색제, 감열지, 항균스프레이, 도배용풀, 틈새충진재, 방염제, 페이스페인팅용품……. 환경부가 선정한, 관리가 잘 되지 않거나 유해성이 우려되는 17가지 생활화학제품군들이다("화평법 대비 화학물질 안전성평가 핵심기술 개발", 국립환경과학원, 2014). 항목을 살펴보면 반드시 필요하진 않지만 생활상의 편의를 위해 별다른 생각 없이 사용하는 제품이 많다.

방향제도 그중 하나다. 언제부터인가 집 안이나 차 안에서 냄새를

방향제의 원료로 사용되는 파라디클로로벤젠은 발암물질로, 인체에 해롭다는 이유로 유럽에서는 사용되지 않는 물질이다.

없앤다는 이유로 방향제를 사용하는 사람들이 크게 늘었다. 방향제는 제품 특성상 밀폐된 공간에서 사용하거나, 자동으로 뿌려지는 등 24시간 노출되는 경우가 많은데, 이에 반해 흡입독성에 대한 자료는 거의 찾아볼 수 없다. 제품에 따라 다르겠지만 방향제에는 파라디클로로벤젠과 같은 탈취 성분뿐만 아니라 이것을 퍼뜨리기 위한 유해한 용매가 많이 사용된다. 하지만 분류상으로는 공산품에 속해 안전성 관리를 위한 구체적인 가이드라인이 없다. 제품 속에 들어 있는 화학물질의 이름을 기록해야 할 의무도 없다.

이덕환 서강대 화학과 교수는 "호흡을 통해 장시간 노출되는 제품일수록 유해성을 꼼꼼히 따져봐야 한다"며 "살균이 되면 무조건 좋다, 향기가 나면 무조건 좋다는 인식 자체를 바꿔야 한다"고 조언했다. 세균을 죽일 수 있는 성분이 나에게는 이로울 것이라고 오해해선 안 된다는 것이다. 항생제를 남용하면 슈퍼박테리아가 생기는 것처럼, 살균제를 남용하면 미래에는 그보다 더 강한 살균제가 필요할 것이라고도 경고했다. 일상생활을 하면서 화학물질을 피하기 어렵다면 최대한 화학물질이 들어 있는 제품들을 적게 사용하는 수밖에 없다. 페브리즈와 같은 섬유 항균 탈취제의 경우 탈취제 속에 들어 있는 계면활성제의 흡착력이 매우 강해서 2~3번 세탁을 한 이후에도 섬유에 70% 이상 남는다. 따라서 항균탈취제를 사용할 때는 양을 매우 적게 쓰고 반드시 환기를 시켜야 한다. 주방용 세제로 설거지를 할 때도 흐르는 물에 15초 이상 헹궈야 세제가 모두 씻겨 나가므로 적게 사용하고 많이 씻는 수밖에 없다. 이미 수십 년 동안 별 탈 없이 사용해온 것이라고, 별 것 아닌 것에 지나치게 민감하게 반응하는 것이라고 생각할 수도 있지만 그것이 정말 치명적인 물질일 가능성도 배제할 수 없다. 이 같은 교훈을 우리는 가습기 살균제 사태를 통해 너무도 뼈아프게 배웠다.

issue 07

# 알파고 이후

## 송준섭

울산과학기술원(UNIST) 생명과학과 졸업. 대학에서는 칼슘 채널의 메커니즘을 연구했다. 이후 《과학동아》와 《과학동아데일리》에서 기자로 일했다. 2016년 3월 알파고와 이세돌 9단의 대결 현장을 직접 취재하며, 국내 최고의 인공지능 전문가들에게 이야기를 들었다.

# 알파고를 넘어, 인간과 인공지능의 공존을 향해

© 구글 제공

"예순 아홉. 일흔. 아, 더 없나? 이러면 안 되는데…."

2016년 3월 9일 광화문 포시즌스 호텔 6층. 이세돌 9단과 알파고의 대결이 펼쳐지는 대국실과 복도 하나를 사이에 두고 마주한 기자실에 모인 수백 명의 기자들이 웅성거렸다. 바둑 까막눈인 필자는 해설자의 말에 온 신경을 집중하고 있었다.

이날 해설을 맡은 김성룡 9단은 바둑판의 집을 몇 번이나 다시 세고는 이마에 손을 가져다 대며 혼잣말을 중얼거렸다. 카메라 수십 대가 하이에나처럼 김성룡 9단 앞으로 달려들었다. 그로부터 정확히 10분 뒤에 이세돌 9단이 돌을 던졌다. 집을 세기 5분 전까지만 해도 해볼 만하다는 분위기였다. 바둑 리그의 감독이자 해설자로 유명한 김성룡 9단이 이 지경이 될 때까지 판세를 파악하지 못했다는 것이 잘 이해가 되지 않았다. 비슷한 일은 다음 경기에서도 이어졌다. 알파고가 파죽지세로 몰

알파고와 바둑 대결을 벌이고
있는 이세돌 9단
© 구글

아붙이며 3승 0패로 승부를 결정지을 때도 해설자들의 형세 판단은 한 발씩 늦었다. 반면 알파고를 개발한 딥마인드는 1국이 끝나기 30분 전에 알파고로부터 승리를 보고받았다고 발표했다. 이세돌 9단이 멋지게 반격을 하고 나서 3승 1패 상황에서 마지막 대국으로 열린 지난 3월 15일, 같은 장소에서 다시 해설에 나선 김성룡 9단은 알파고를 '알신(알파고와 신의 합성어)'이라고 불렀다. 불과 일주일 사이에 많은 것들이 바뀌었다.

## 알파고는 맛을 남기지 않는다

바둑 전문가들이 하나같이 헛다리를 짚은 이유는 알파고의 새로운 기풍 때문이다. 바둑은 인간이 만든 가장 복잡한 게임이다. 경우의 수가 무한대에 가까워 어떤 정형화된 공식으로 바둑 잘 두는 법을 설명할 수는 없다. 확실한 규칙은 없지만 수천 년 동안 바둑을 두면서 알게 모르게 터득한 격언은 있다. 이번 대국에서 해설자들이 승부처마다 '궁하면 손을 빼라', '중앙으로 한 칸 띈 수에 악수 없다'는 격언을 인용하며 승패를 점쳤다. 인간끼리의 대결에서는 이 격언이 대개는 유효했다. 하지만 알파고는 인간을 비웃기라도 하듯 격언에서 벗어난 파격적인 수를 많이 선보였다.

이번 대국에서 가장 체면을 구긴 바둑의 정석은 '맛'이다. '고수는

'뒷맛을 남기지 않는다'라는 격언에서 따와, 바둑 해설에서도 맛이란 표현을 많이 쓴다. 맛이란 당장 모양을 결정하지 않고 여지를 남겨두는 바둑 전술이다. 국지적으로 맞붙어 전투를 벌이기보다는, 나중에 주변의 형세가 정해지고 난 뒤에 전략을 정하는 방식이다. 맛이라는 표현으로 에둘러 표현했지만 사실은 현재 전투가 벌어지는 곳에서 정확한 득실을 따질 수 없어(주변에 돌을 놓을 곳이 많아 경우의 수가 많다), 주변에 돌 모양이 정해진 뒤로 결정을 미루는 것을 말한다.

반면에 알파고는 대국 내내 맛을 남기지 않았다. 4국의 23수를 살펴보자. 알파고는 23수로 왼쪽 아래에 백의 돌 옆으로 자신의 돌을 붙였다. 만약 사람이었다면 중앙과 왼쪽 변의 형세가 정해진 뒤에 자신이 침투할 위치를 고민했을 것이다. 주변 돌의 형세에 따라 A나 B로 붙이는 게 더 유리할 수 있기 때문이다. 하지만 알파고는 그러지 않고 초반부터 빈 공간에 돌을 채웠다. 승부가 기운 5국 후반부에서도 알파고는 맛을 남기지 않는 특유의 기풍을 보여줬다.

알파고는 때로는 자신이 손해가 되는 선택을 하기도 했다. 해설자들은 이를 보고 알파고의 실력이 부족하다고 말했다. 예를 들어 2국 종반에 알파고는 우측 상단의 흑돌 여섯 개(알파고)와 중앙의 백돌 네 개(이세돌)를 바꿔치기했다. 돌 개수로만 보면 두 개(두 집) 손해였다. 그럼에도 2국에서 알파고는 넉넉히 승리를 거뒀고, 유리한 장면에서 악수를 두는 알파고가 사람을 조롱하는 것 같다는 이야기도 나왔다.

전문가들은 경우의 수에서 해답을 찾고 있다. 알파고는 항상 최선

2016년 3월 10일의 2국. 흑돌을 잡은 알파고가 불계승했다.

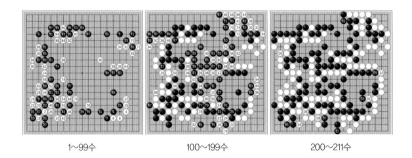

1~99수        100~199수        200~211수

의 이득을 보기보다는 바둑판의 모양을 빨리 결정해 변수를 줄이는 데 초점을 맞춘다. 모양이 결정되면 계산해야 될 변수가 줄어들어 알파고가 판세를 보다 정확히 읽을 수 있다. 알파고 입장에서는 스무 집으로 이기나 반집으로 이기나 똑같은 승리이기 때문에, 자신이 지지 않는 선에서 경우의 수를 줄여나가는 것을 선호할 수밖에 없다. 인간의 능력으로는 쉽지 않은 선택이다. 알파고가 경우의 수를 줄여 궁극적으로 하고자 하는 일은 '해결된 문제(solved game)'를 만드는 것이다. 해결된 문제가 되면 상대가 어떤 수를 두더라도 반드시 이길 수 있는 필승법이 나온다. 오목의 경우엔 먼저 시작하는 흑이 반드시 이길 수 있는 방법이 알려져 있고, 체스는 이동시킬 수 있는 기물의 숫자가 몇 개 이하로 줄어들었을 때 필승법이 계산돼 있다. 알파고도 바둑판의 돌들을 채워 경우의 수를 줄인 뒤 완벽한 승리를 노린 것이다.

## 알파고와 알파고의 백만 번 대결에서 태어난 알파고

컴퓨터로 어떤 문제를 해결할 때, 가장 쉬운 방법은 문제의 정답을 알려주는 것이다. 예를 들어 인공지능이 오른쪽에서 왼쪽으로 사과 다섯 개를 옮기게 하려면, 인공지능에게 손으로 사과를 잡은 뒤 팔을 들어 올려 반대쪽으로 사과를 옮기라는 내용을 차례대로 입력하면 어렵지 않게 사과를 잘 옮기는 프로그램을 만들 수 있다.

하지만 바둑의 경우는 이런 방법이 통하지 않는다. 앞서 말한 대로 바둑은 잘 두는 방법이란 게 딱히 없다. 규칙은 단순하지만 승리하기

위해서는 규칙 이상의 전략이 필요한데, 이 전략도 컴퓨터에게 설명하기에는 추상적인 경우가 많다. 알파고 이전의 바둑 인공지능은 대개이런 추상적인 전략을 컴퓨터가 이해할 수 있는 숫자와 수식으로 표현하는 데 초점을 맞췄다. 바둑돌이 놓인 위치의 중요성을 에너지로 나타내는 등 여러 시도를 했지만 신통치 않았다. 프로기사의 기보를 분석하려는 시도도 있었지만 번번이 실패했다. 기보에 있는 상황과 똑같은 상황이 실제 대국에서 나오지 않았기 때문이다. 알파고 이전의 인공지능은 학습한 내용과 상황이 조금만 달라져도 정답을 찾지 못해 엉뚱한 수를 뒀다.

알파고는 이런 문제점을 딥러닝을 기반으로 한 기계학습(machine learning)으로 해결했다. 딥러닝은 인간의 신경망을 흉내 낸 인공지능 개발법이다. 수억 개가 넘는 인간의 신경세포가 신호를 주고받으며 하나의 결론을 내는 것처럼, 딥러닝은 복잡한 구조를 가진 층이 쌓여 의사결정을 한다. 인간이 입력 값과 결과를 알려주면(바둑의 경우 바둑판의 현재 상황과 고수들이 다음에 어디에 둘지를 알려주면), 인공지능이 스스로 그 둘 사이의 상관관계를 예측하는 신경망을 만들어낼 수 있다. 자료를 입력하는 것 외에는 인간이 학습에 관여하지 않기 때문에 기계가 스스로 학습을 한다는 뜻으로 기계학습이라고 불리기도 한다. 알파고

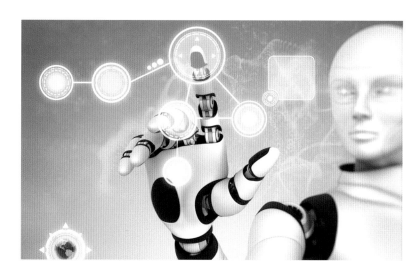

는 'KGS GO'라는 온라인 바둑 사이트에서 고수들이 둔 기보 15만 개를 수집해 학습했다. 기보 15만 개에는 고수들의 착수점 3000만 개가 들어 있었는데, 알파고는 딥러닝으로 이 데이터를 학습했다. 그 결과 알파고 는 이전의 어떤 바둑 인공지능보다 인간 고수들이 어떤 수를 둘지 잘 예 측할 수 있게 됐다. 개발자들은 알파고가 인간 고수의 행동을 예측하는 이 신경망을 '정책망(Policy Network)'이라고 불렀다. 지난해 여름 완성 된 정책망이 인간의 행동을 예측할 확률은 55%였다.

가치망만으로는 이세돌 같은 최정상급의 인간 고수를 뛰어넘을 수 없다. 알파고가 정책망을 학습한 KGS GO에는 아마추어 기사들의 바둑 기보도 포함돼 있기 때문에 질이 낮은 데이터도 많이 포함돼 있었 다(엄선된 프로기사의 기보만을 공부했으면 어떨까라고 반문할 수 있지 만, 프로기사 간의 대국은 2~3만 건 내외로 기계학습을 하기에는 정보 가 부족하다). 개발자들은 정책망을 기반으로 알파고 초기버전을 만들 어 알파고끼리 100만 번 대국을 시켜 또 다른 신경망을 개발했다. 알파  고끼리의 대국을 통해서 딥마인드는 바둑판의 현재 상황을 분석하고 위 치별로 승률을 계산할 수 있게 됐다. 위치별로 중요한 가치를 나타낼 수 있다는 뜻에서 이 신경망을 '가치망(Value Network)'이라고 불렀다.

정책망과 가치망 외에 알파고의 무기가 하나 더 있다. 몬테카를로

트리 탐색(Monte Carlo tree search, MCTS)이라고 불리는 경로 찾기 방법이다. 알파고는 현재 바둑판의 상황을 분석해서 약 20수 정도를 내다보는데, 정책망과 가치망의 도움을 받는다고 하더라도 경우의 수가 너무나 많기 때문에 모든 경우를 고려할 수 없다. 때문에 알파고는 정책망을 이용해 인간 고수가 둘 법한 위치 위주로 경우의 수를 확장하고, 최종적으로는 가치망을 이용해 승률을 계산한다.

## 알파고와 딥러닝은 지금도 계속 발전한다

알파고는 이세돌 9단과 대결하기 전 유럽 챔피언인 판 후이 2단과 2015년 10월 대결을 펼쳤다. 체스에서 실력을 나타날 때 주로 사용되는 'ELO' 점수로 알파고의 바둑 실력을 나타내면 3140점 정도라고 딥마인드는 밝혔다. 바둑 프로기사 수준의 점수다. 2016년 3월 이세돌 9단과의 대결에서 사용된 알파고 18번째 버전은 ELO 점수가 무려 4500점이다. 인간 최고수의 3600점을 훨씬 넘어선 수치다. 대국 후 알파고의 개발자 중 한 명인 아나 황 박사의 인터뷰에 따르면 현재의 알파고는 여기서 더 발전해 인간 프로기사가 돌 두 개를 먼저 두고 대결을 해도 비슷할 것이라고 밝혔다. 여러분이 지금 이 책을 읽고 있는 순간에도 알파고는 계속 바둑 실력을 발전시키고 있을지도 모르겠다.

딥러닝의 눈부신 성장은 바둑뿐만이 아니다. 딥러닝을 기반으로 한 인공지능은 인간의 고유한 영역, 인간만이 할 수 있을 것이라고 생각되던 분야에 적극 침투 중이다. 2015년 9월에는 독일 튀빙겐대 연구팀

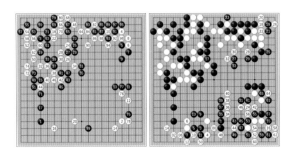

알파고(흑) 대 판 후이 2단(백),
제4국(2015년 10월 8일),
알파고가 불계승했다.

이 컴퓨터가 이미지를 판독하는 딥러닝 기술을 이용해 인공지능 화가를 만들었다. 화가 인공지능에게 보통 사진과 고흐, 피카소 같은 화가의 그림을 주면, 화가 인공지능은 화가의 스타일을 흉내 내 보통 그림을 거장이 그린 것처럼 바꾼다. 일본의 전자제품 회사 소니는 2016년 9월 인공지능이 작곡한 노래를 발표했다. 소니가 개발한 작곡가 인공지능인 '플로우머신즈(FlowMachines)'는 유명 가수의 노래를 분석한 뒤, 그 가수의 스타일을 흉내 내 노래를 작곡한다. 이번에 공개한 두 가지 노래 중하나인 'Daddy's Car'은 비틀스의 스타일을 그대로 따라해 작곡한 노래다. 인공지능이 작곡했다는 사실을 모르고 듣노라면 진짜 비틀스가 작곡을 했다고 착각할 정도로 멜로디가 아름답다. 알파고의 개발사인 딥마인드도 알파고 다음 인공지능을 계속 발표하고 있다. 딥마인드는 2016년 9월 9일 음성합성 인공지능인 '웨이브넷'을 공개했다. 웨이브넷은 문자를 보고 사람의 목소리를 인공적으로 합성해 읽어주는 음성합성 인공지능으로 영어와 중국어 서비스를 제공한다. 필요에 따라 영국식, 미국식 등 억양을 자유자재로 바꾸고 실제 사람과 구분이 불가능할 정도로 목소리가 자연스럽다.

딥마인드의 다음 목표는 스타크래프트Ⅱ다. 딥마인드와 스타크래프트의 개발사인 블리자드는 11월 5일 그동안 소문으로만 무성하던 '알파크래프트'와 인간의 대결을 공식적으로 인정했다. 미국 애너하임주에서 열린 블리자드의 게임 축제인 '블리즈컨 2016' 개막식에서 블리자드는 스타크래프트Ⅱ 인공지능 개발을 위해 프로그래밍 정보를 공개하겠다고 밝혔다. 행사에 참석한 오리올 빈얄스 딥마인드 연구원은 "스타크래프트Ⅱ 인공지능도 알파고처럼 경기를 반복하면서 학습할 것"이라며 "게임의 특성상 알파고보다 한 차원 높은 판단 능력이 요구될 것"이라고 밝혔다. 알파크래프트와 대결할 인간 게이머 역시 한국인 프로게이머들이 주목을 받고 있다. 스타크래프트Ⅱ의 종족은 세 가지나 되기 때문에, 세 종족 대표로 모두 한국인이 출전해 인공지능과 대결하는 진풍경을 볼 수도 있을 것이다.

스타크래프트Ⅱ, 자유의 날개 포스터

# 딥마인드는 왜 인간과 스타크래프트 대결을 할까

인공지능과 인간의 대결은 알파고가 처음이 아니다. 1997년에는 러시아의 전설적인 체스 챔피언인 게리 카스파로프가 IBM의 체스 인공지능 '딥 블루'에 패배했고, 2011년 퀴즈를 푸는 인공지능인 '왓슨'은 미국의 제퍼디쇼라는 퀴즈쇼에 출연해 퀴즈쇼 역사상 가장 강력했던 챔피언 두 명을 압도적으로 물리쳤다. 그 기세로 인공지능은 바둑을 정복했고, 다음 상대로도 역시 인간과 스타크래프트 대결을 하겠다고 나섰다. 인공지능이 이처럼 인간과 대결을 벌이는 이유는 무엇일까. 인공지능 연구자들은 오랫동안 '게임'을 연구해왔다. 인간을 굴복시키겠다는 악의가 있었던 것은 아니고, 체스나 바둑 같은 게임이 개발자가 인공지능의 성능을 확인할 수 있는 최적의 시험장이기 때문이다. 게임은 우선 현실 세계에서 일어나는 일과 비슷하다. 바둑과 체스는 전쟁에서 병사를 움직이는 것에 빗대 만든 것이고, 퀴즈는 인간이 일상에서 나누는 대화와 형태가 유사하다. IBM이 왓슨을 개발할 때 가장 공을 들인 부분도 인간의 언어를 컴퓨터에게 이해시키는 것이었다.

체스 인공지능 딥 블루

또 게임은 승패가 뚜렷하다. 한 번 게임을 할 때마다 승자와 패자가 정해지고, 승패를 가르는 규칙도 명확하다. 점수를 더 많이 낸 사람이 이긴다거나 상대의 땅을 빼앗은 사람이 이기는 것처럼 결과를 구분할 수 있는 확실한 기준이 있기 때문에, 환자를 진단하거나 사람의 감정을 알아내는 등 정답이 불분명한 문제보다 인공지능 개발이 쉽다. 때문에 인공지능 연구자들은 게임을 이용해 현실 세계에서도 적용이 가능한 인공지능을 개발하려고 노력 중이다. 구글이 다음 상대로 꼽은 스타크래프트 II 의 경우에는 정보의 불확실성에 도움이 될 수 있다. 지금까지 인공지능이 도전했던 체스, 바둑, 퀴즈 등은 모든 정보가 공개된 게임이다. 현재 상대의 바둑돌이 어디 있는지, 퀴즈 문제가 무엇인지 등을 별다른 노력을 들이지 않고도 알 수 있다. 하지만 스타크래프트는 실제 전쟁처럼 상대를 정찰해 스스로 정보를 알아내야 한다. 스타크래프트 인공지능을 개발하다 보면 정보를 알 수 없거나(예를 들어 시간이 촉박해 필요한 검사를 하지 못하고 환자를 진단할 때) 불확실성이 높은 상태에서도 신뢰할 수 있는 결론을 내릴 수 있는 인공지능을 개발할 수 있다.

체스 챔피언인
게리 카스파로프

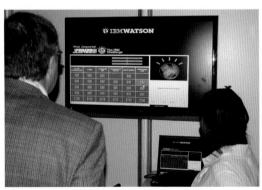

트레이드 쇼의 IBM 부스에서 펼쳐지고 있는 왓슨 데모

## 문제는 터미네이터가 아니라, 일자리다

© 구글

이세돌 9단의 패배를 보며 무기력함과 두려움을 나타낸 이들이 많았다. 역사적인 대국 현장에서 직접 이세돌 9단의 패배를 지켜본 필자도 예외가 아니었다. 하지만 알파고가 바둑의 신처럼 완벽한 바둑을 둔 것은 아니다. 약점도 있었다. 신의 한 수라고 불리는 이세돌 9단의 4국 78수 이후, 허둥지둥하는 알파고의 모습은 분명 우리가 두려워하는 인공지능의 모습이 아니었다(센스 있는 네티즌들은 이 모습을 '알둥지둥'이라고 불렀다). 전문가들은 알파고가 이렇게 당황한 이유를 학습하지 않은 데이터, 즉 78수를 마주했기 때문에 당황한 것이라고 추측했다. 딥마인드의 대표인 데미스 하사비스는 경기 후 SNS에 "알파고는 이세돌이 78수 자리에 착수할 확률을 1만 분의 1 이하로 예측했기 때문에 이세돌의 움직임에 매우 놀랐다"고 밝혔다. 우리가 걱정하는 자의식을 가진 인공지능 개발은 바둑을 정복하는 것과는 다른 문제다. 알파고는 인간이 할 수 있는 수만 가지 일 중 하나인 바둑을 잘 두는 인공지능일 뿐이다(이렇게 전문적인 작업 하나를 잘하는 인공지능을 '약한 인공지능'이라고 부른다). 반대로 우리가 두려움을 표시한 인공지능은, 즉 영화 터미네이터에 등장하는 것처럼 자의식을 가지고 인간을 정복하려는 '강한 인공지능'은 훨씬 더 개발이 어렵다. 어떤 과학자들은 인간은 영원히 강한 인공지능을 개발할 수 없을 것이라고 추측할 정도다. 그러니 인공지능에 정복당하면 어찌할까라는 걱정에 밤을 지새우고 있다면 이제라도 편하게 잠을 자면 될 것 같다.

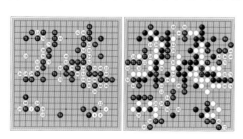

2016년 3월 13일의 4국. 백돌을 잡은 이세돌이 180수 끝에 불계승했다.(78수가 승부수)

영화 〈터미네이터〉 시리즈에
등장하는 '강한 인공지능'
© 네이버 영화

그렇다고 마냥 속 편하게 지낼 수도 없는 처지다. 알파고에서 본 것처럼 특정한 업무 한 가지를 잘하는 약한 인공지능은 언제든 출연할 수 있고, 그 인공지능이 인간의 일자리를 빼앗아 갈 수 있기 때문이다. 인공지능을 기반으로 한 새로운 산업의 출연을 '4차 산업혁명'이라고 부른다. 최근에는 미래에 사라질 직업 리스트가 SNS에 농담처럼 떠돌아다닌다. 2016년 3월에는 한국고용정보원이 인공지능에 의해 대체될 직업과 그렇지 않은 직업을 분석해 발표하기도 했다. 한국고용정보원은 인공지능에게 일자리를 뺏길 확률이 가장 높은 직종으로 콘크리트공을 꼽았다. 다음으로 정육점 직원, 청원경찰, 환경미화원, 주유원, 육아도우미 등이 이름을 올렸다. 이런 직업들은 인공지능에 의해 대체될 확률이 97% 이상이었다. 한국고용정보원은 인공지능으로부터 안전한 직업도 발표했다. 자료에 따르면 화가, 작곡가, 패션 디자이너, 대학교수, 마술사, 큐레이터 등이 사라지지 않을 직업에서 높은 순위를 기록했다. 안전한 직업은 미래에 인공지능으로 대체될 확률이 0.002% 이하였다.

그렇다면 우리는 성큼 다가온 4차 산업혁명의 시대에 어떤 일을 할 수 있을까. 산업혁명 당시 기계에 일자리를 빼앗긴 방직공장의 노동자들처럼 인공지능을 파괴하기라도 해야 할까. 부질없는 짓이다. 아무리 기계를 부순다고 해도 인공지능의 발전은 막을 수 없다. 피할 수 없는 흐름이라면 지금부터 현명하게 인공지능과 함께할 사회를 준비하는 것이 좋다. 인공지능이 아무리 발전한다고 하더라도 분명히 인간만이 할 수 있는 일이 있을 것이다. 미래 사회는 인공지능과 인간이 함께 살아가는, 기존과는 완전히 다른 사회가 될 것이다. 지금부터라도 우리 인간은 미래 사회를 차근차근 준비할 필요가 있다.

## 인간과 인공지능은 친구가 될 수 있을까

인공지능이 본격적으로 사회에 진출하게 되면 인간은 이전에 경험할 수 없었던 완전히 새로운 문제를 맞닥뜨리게 될 것이다. 대표적인

# 인공지능과 로봇이 일자리에 미치는 영향

박가열 고용정보원 연구위원은 다보스포럼에 나온 '직업의 미래' 보고서에 따르면 인공지능과 로봇기술 발전에 따른 자동화 직무 대체는 2020년 전후에 시작될 것이지만, 단순 반복 과업 중심으로 대체되는 것이고 중요한 의사결정과 감성에 기초한 직무는 여전히 인간이 맡게 될 것이므로 막연히 일자리의 소멸을 불안해 할 필요는 없다고 말했다. 또한 앞으로 인공지능과 로봇이 인간을 대신하여 담당하게 될 직무 영역이 어디까지인지를 사회적으로 합의하고 자동화에 따른 생산성 향상의 열매를 사회 전체가 어떻게 공유할 것인지에 관한 제도적 장치를 마련하는 것이 중요하다고 강조했다.

> 단순 반복적이고 정교함이 떨어지는 동작을 하거나 사람들과 소통하는 일이 상대적으로 낮은 특징을 보인다.

## 자동화 대체 확률 높은 직업 상위 10개

| 순위 | 직업 명 | 대체 확률 |
|------|---------|-----------|
| 1 | 콘크리트공 | 0.9990578 |
| 2 | 정육원 및 도축원 | 0.9986090 |
| 3 | 고무 및 플라스틱 제품조립원 | 0.9980240 |
| 4 | 청원경찰 | 0.9978165 |
| 5 | 조세행정사무원 | 0.9960392 |
| 6 | 물품이동장비조작원 | 0.9951527 |
| 7 | 경리사무원 | 0.9933962 |
| 8 | 환경미화원 및 재활용품수거원 | 0.9927341 |
| 9 | 세탁 관련 기계조작원 | 0.9920450 |
| 10 | 택배원 | 0.9918874 |

> 감성에 기초한 예술 관련 직업은 자동화 대체 확률이 상대적으로 낮은 특징을 보인다.

## 자동화 대체 확률 낮은 직업 상위 10개

| 순위 | 직업 명 | 대체 확률 |
|------|---------|-----------|
| 1 | 화가 및 조각가 | 0.0000061 |
| 2 | 사진작가 및 사진사 | 0.0000064 |
| 3 | 작가 및 관련 전문가 | 0.0000073 |
| 4 | 지휘자 · 작곡가 및 연주가 | 0.0000200 |
| 5 | 애니메이터 및 만화가 | 0.0000389 |
| 6 | 무용가 및 안무가 | 0.0000431 |
| 7 | 가수 및 성악가 | 0.0000744 |
| 8 | 메이크업아티스트 및 분장사 | 0.0002148 |
| 9 | 공예원 | 0.0002440 |
| 10 | 예능 강사 | 0.0003703 |

© 한국고용정보원 홈페이지

구글 무인자동차

예가 무인자동차의 딜레마. 무인자동차가 완벽히 개발돼도 사고를 완전히 피할 수는 없다. 만약 빠르게 달리고 있는 무인자동차에 갑자기 누가 뛰어든다면, 아무리 반응 속도가 빠른 무인자동차라도 사고를 낼 수밖에 없다. 무인자동차는 사고가 발생할 때 필연적으로 윤리적 선택을 하게 된다. 예를 들어 초등학생 10여 명이 장난을 치다가 갑자기 도로에 뛰어들었다고 하자. 무인자동차는 뛰어난 반응속도를 활용해, 초등학생을 피해 인도로 핸들을 꺾어 방향을 바꿀 수 있다. 그런데 인도에는 성인 남성 한 명이 길을 걷고 있다. 무인자동차는 아이들 10명과 성인 한 명 중 누구를 살려야 할까? 현재 우리의 도덕과 법으로는 쉽게 대답할 수 없는 문제다.

또 다른 문제는 처벌이다. 인공지능의 권한이 커지는 만큼, 인공지능이 잘못을 저지를 확률도 높아진다. 여기 99.9999%의 확률로 정확한 진단을 내리는 의사 인공지능이 있다고 가정해보자. 그런데 어느 날 급히 실려 온 응급환자를 의사 인공지능이 잘못 진단해 환자가 목숨을 잃었다. 누가 봐도 명백한 의료 사고였다. 누구에게 책임을 물을 수 있을까? 인공지능 의사를 만든 제조사, 인공지능 의사를 고용한 병원, 인

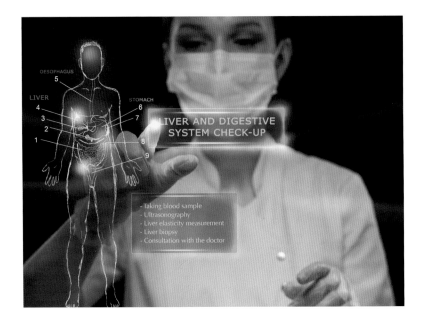

공지능 의사를 허락해준 정부 또는 실제로 잘못을 저지른 인공지능 중 누가 잘못한 일일까? 이 역시 우리의 현재 법체계에서는 함부로 결정할 수 없는 문제다. 이런 극단적인 경우를 제외하고도 생각해볼 만한 사례가 있다. 2013년 개봉한 영화 〈그녀〉는 인공지능과 사랑에 빠진 한 남자의 이야기다. 영화의 주인공처럼 우리도 인공지능과 사랑에 빠질 수 있을까? 또는 인공지능 직장 동료, 인공지능 학생, 인공지능 가정부 등 많은 시간을 함께할 인공지능과 우리가 진짜 친구가 될 수 있을까? 최근 개봉한 SF 영화 〈스타트랙 비욘드〉에서 이 문제의 실마리를 찾을 수 있다. 〈스타트랙 비욘드〉에서는 외계종족 벌컨 출신의 스팍이 주인공으로 등장한다. 벌컨은 감정에 휘둘리는 인간과 달리, 철저히 감성을 배제하고 이성만으로 살아간다. 인간 주인공들은 그런 스팍을 이해하지 못하고 부딪히기를 반복하다, 서로의 다름을 인정하고 친구가 된다. 인간과 인공지능의 우정도 이와 비슷한 모습이 아닐까.

인간과 인공지능이 함께하는 사회는 피할 수 없는 미래다. 절대자를 대하듯 인공지능을 두려워할 필요는 없다. 인공지능을 만들어낸 것도 인간이고, 우리가 살아 있을 동안은 인간이 인공지능보다 잘할 수 있는 일이 분명 존재할 것이다. 인공지능을 인간보다 하등한 존재로 생각해서도 안 된다. 인공지능을 인간과 다른 하나의 존재로 인정할 때, 우리는 인공지능과 함께 살아가는 방법을 터득할 수 있게 될 것이다.

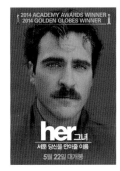

**영화 〈그녀〉 포스터**
ⓒ 네이버 영화

**영화 〈스타트랙 비욘드〉 포스터**
ⓒ 네이버 영화

# 선천성 면역

## 강석기

서울대 화학과와 동 대학원을 졸업했다. LG생활건강연구소에서 연구원으로 근무했으며,
2000년부터 2012년까지 동아사이언스에서 기자로 일했다. 2012년 9월부터 프리랜서 작가로 지내
고 있다. 지은 책으로『강석기의 과학카페』(1~4권, 2012~2015),『늑대는 어떻게 개가 되었나』(2014)
가 있고, 옮긴 책으로『반물질』(2013),『가슴이야기』(2014),『프루프: 술의 과학』(2015) 등이 있다.

# 메치니코프 타계 100주기, 선천성 면역에서 프로바이오틱스까지

파스퇴르연구소에 근무하던 시절의 메치니코프. 그의 대표적인 사진이다.
© Nadar/파스퇴르연구소

십여 년 전 국내 한 요구르트의 브랜드가 되면서 사람들에게 친숙한 과학자가 된 일리야 메치니코프(Ilya Metchnikoff)는 1916년 71세에 프랑스 파리에서 영면했다. 지난 2016년 타계 100주기를 맞아 한 해 동안 생명과학 분야의 저명한 학술지 '셀'을 비롯해 많은 지면에서 메치니코프의 삶과 업적을 되돌아보고 관련 분야의 현황을 소개한 글들이 실렸다. 이 글들의 공통적인 결론은 메치니코프의 연구주제였던 선천성 면역과 장내미생물 연구가 그의 사후 오랜 침체기를 거친 뒤 20세기가 끝날 무렵 재조명됐고 21세기 들어서는 그 중요성이 한층 부각되면서 지금은 전성기를 이루고 있다는 것이다. 메치니코프는 1908년 선천성 면역 연구로 노벨 생리의학상까지 받았지만 그의 주장 대부분은 당시 주류 학계에서 인정받지 못했고 그 중요성도 제대로 인식되지 못했다.

지금까지 면역 관련 연구로 노벨상이 열 차례 가까이 나왔지만 전부 적응면역(후천성 면역), 즉 항체나 백신 관련 연구였다. 그러나 2011년 마침내 선천성 면역을 연구한 과학자들이 노벨 생리의학상을 받았고, 이는 선천성 면역의 중요성이 재인식되고 있음을 시사했다. 오늘날 메치니코프가 시대를 100년 앞선 과학자라는 평을 듣는 이유다. 메치니코프는 어떤 사람이었고 그의 업적은 무엇이었으며, 오늘날 관련 분야의 연구현황이 어떤지 살펴보는 자리를 마련해본다.

## 실명 위기에 자살 시도

메치니코프는 1845년 오늘날 우크라이나 영토인 러시아제국 이바노브카에서 태어났다. 어려서부터 자연 속에 뛰놀며 생물학에 관심이 많았던 메치니코프는 열일곱 살에 집에서 가까운 하리코프대 자연과학부에 들어갔다. 머리가 비상했던 그는 불과 2년 만에 대학을 마친 뒤 러시아는 연구 여건이 안 된다고 판단하고 어머니를 설득해 독일로 유학을 떠나 동물학을 연구했다. 공부를 마치고 22세에 러시아로 돌아온 메치니코프는 오데사의 노보로시야대에 자리를 잡았고 이듬해 상페테르부르크대로 옮겼다가 1870년 노보로시야대로 돌아왔다.

이처럼 초특급으로 학자가 된 그는 남부러울 게 없어 보였지만 개인적인 아픔이 있었다. 상페테르부르크대에 있을 때 동료 교수의 조카딸 루드밀라 페도로비치를 알게 된 그는 1869년 그녀와 결혼을 했다. 그런데 당시 신부는 폐결핵을 앓고 있었고 메치니코프가 1870년 좀 더 따뜻한 오데사로 직장을 옮긴 것도 그런 아내를 배려해서였다. 이런 노력에도 루드밀라는 1873년 4월 세상을 떠났다.

평소 눈에 만성 염증이 있었던 메치니코프는 아내의 병간호에 심신이 탈진해서인지 안질환이 심각해졌다. 아내를 잃은 충격에 실명할지도 모른다는 두려움까지 더해진 그는 진통제 모르핀을 다 털어먹고 자살을 기도했다. 그러나 워낙 과량을 먹어 바로 토해 죽음을 면했다. 다행히 이후 눈의 상태가 호전됐고 메치니코프는 삶의 의욕을 되찾았다.

아내 올가와 함께한 메치니코프.
1880년경 사진으로 메치니코프는
35세, 올가는 21세 무렵이다.
앉아 있는 남편에 기대어 선 채
한쪽을 응시하고 있는 올가의
강렬한 눈빛이 인상적이다.
© 러시아과학원 아카이브

메치니코프의 연구주제는 무척추동물의 발생학으로 거의 연구가 안 된 분야여서 학계의 주목을 받았고 학자로서의 명성도 높아졌다. 아내가 죽고 2년이 지났을 무렵 메치니코프는 부유한 지주를 알게 됐는데, 그의 쌍둥이 딸 가운데 한 명인 올가에게 한눈에 반했다. 불과 열여섯 살이었던 올가 역시 열네 살 연상의 카리스마 넘치는 과학자에게 매료됐고 둘은 바로 결혼했다. 두 사람은 메치니코프가 71세로 사망할 때까지 함께했고 올가는 남편의 전기를 쓰기도 했다.

## 여행지에 차린 개인 실험실에서 역사적 발견

1882년 알렉산더 2세가 암살되면서 러시아가 정치적 혼란에 휩싸이자 안 그래도 연구 여건이 열악한 러시아에서의 생활을 답답해하던 메치니코프는 사표를 던지고 유럽으로 장기여행을 떠났다. 이탈리아 메시나에 머물던 메치니코프는 개인 실험실을 차리고 발생학 연구를 이어갔다.

그해 10월 메치니코프는 생물학사에 전설로 남은 발견을 하게 된다. 몸이 투명한 불가사리 유충이 먹이를 먹는 방법을 연구하던 중 불가사리 체내에서 이상한 세포를 발견한 것이다. 즉 아메바처럼 떠도는 세포들이 보였는데 붉은 색소인 커민 가루를 넣자 이를 '먹어' 버렸다. 현미경에서 벌어진 일에 깜짝 놀란 메치니코프는 이 현상이 단순한 소화작용이 아님을 직감했다. 다음 날 홀로 거실에 앉아 있던 그는 문득 '이 세포들이 불가사리에 침입한 병균들도 먹어치우는 면역세포일 것'이라고 짐작했다. 그의 상상력은 인체의 혈액에서도 마찬가지 일이 일어날 거라는 데까지 뻗어갔다. 메치니코프는 밖에 나가 장미나무에서 가시를 뜯어 와 불가리아 유충의 몸에 꽂았다. 만일 소화작용이 아니라 면역작용이라면 어제 본 그 세포가 가시 주위에 몰릴 것이다. 흥분으로 잠을 뒤척이다 다음 날 새벽에 일어나 불가사리 유충을 보러 간 메치니코프는 가시 주변에 아메바 같은 세포들이 떼로 몰려 있음을 확인했다. 훗날 메치니코프는 이런 세포에 대해 'phagocyte(식세포)'라는 이름을 붙였다. '먹다'라는 뜻의 그리스어 phagein과 '세포'를 뜻하는 그리스어 cyte로 만든 조어다.

메치니코프는 1882년 선천면역의 하나인 식작용을 처음 발견했다. 위의 그림은 그의 저서 『감염질환의 면역』에 실린 것으로 기니피그의 대식세포 안에 대장균(빨간색)이 들어 있다.
© 메치니코프, 『감염질환의 면역』

이 소식이 러시아에 알려지면서 메치니코프의 유명세는 더 높아졌고 이듬해 오데사에서 열린 한 학회에 참석한 메치니코프는 새로 설립하는 미생물학연구소를 책임지게 됐다. 1886년 오데사박테리아연구소가 문을 열었고 메치니코프는 소장이 됐다. 연구소가 수행한 과제 가운데 하나가 프랑스의 루이 파스퇴르가 막 개발한 광견병 백신을 환자들에게 적용하는 일이었고 이렇게 그와 파스퇴르의 인연이 시작됐다.

그러나 러시아에서의 생활은 오래가지 못했다. 아내 덕분에 돈 걱정이 없었던 메치니코프는 연봉 3600루블을 전액 연구비로 기부하면서까지 조국의 과학 발전에 기여하려고 했지만 고질적인 관료주의와 잘나가는 사람에 대한 중상모략을 견디지 못하고 1887년 사임한다. 다시 유럽으로 온 메치니코프는 독일에 자리를 잡으려고 했지만 받아주는 곳이 없었다. 울적한 마음으로 독일을 떠나 프랑스 파리 파스퇴르연구소를 방문한 메치니코프는 파스퇴르의 따뜻한 영접을 받았다. 전설적인 과학자의 환대에 감동한 메치니코프는 충동적으로 연구소에 무보수로 일할자리가 있느냐고 물었고 파스퇴르는 즉각 실험실을 꾸며 그를 팀장으로 앉혔다. 메치니코프는 평생 파스퇴르의 은혜를 잊지 않았고, 1888년부터 1916년 사망할 때까지 28년 동안 연구소에 헌신했다.

루이 파스퇴르

파스퇴르가 메치니코프에게 파격적인 대우를 한 배경에는 독일학계에 대한 적개심도 작용했을 것이다. 파스퇴르는 보불전쟁 패배로 조국 프랑스가 독일에 당한 굴욕을 잊지 않았고 공교롭게도 발효 메커니즘을 두고 독일 과학자들과 첨예하게 맞서 왔다. 그런데 메치니코프 역시 면역이론으로 독일과 맞서는 입장이었다. 독일에서의 구직이 성공할 가능성이 희박한 이유다. 결과적으로 메치니코프는 파스퇴르를 이어 독일 학자들과 과학논쟁에 뛰어든 셈이다.

## 1908년 노벨상 수상으로 마무리된 면역논쟁

메치니코프와 독일 과학자들이 벌인 면역논쟁은 과학사에서 독특한 사례다. 각론은 틀린 게 많았지만 큰 줄기에서는 둘 다 맞았기 때문이다. 즉 오늘날 용어로 설명하면 메치니코프 진영의 세포면역은 선천성 면역을, 독일 과학자들이 주장한 체액면역은 적응면역을 뜻한다. 세균학의 아버지로 불리는 로베르트 코흐의 등장으로 미생물학을 이끄는 독일 과학계는 우리 몸에 아메바 같은 세포가 있어서 병균을 잡아먹는다는 메치니코프의 설명을 받아들이기 어려웠다. 이런 와중에 독일의 과학자들은 오늘날 적응면역으로 불리는 면역현상을 발견했고 이를 바탕으로 메치니코프의 학설을 강력하게 비판했다.

사실 파스퇴르 역시 적응면역에 속하는 업적인 광견병 백신(광견병 바이러스에 대한 항체를 많이 만들게 유도하므로)을 개발했지만, 당시는 그 메커니즘을 몰랐기 때문에 독일과 힘겨운 싸움을 벌이는 메치니코프를 적극 지원했다. 메치니코프와 파스퇴르연구소의 동료들은 백혈구가 혈관을 타고 감염된 부위로 이동해 염증반응을 일으키는 데 관여한다는 사실을 발견했다. 이들은 몸 곳곳에 있는 림프절에서 발견된 백혈구를 림프구(lymphocyte)라고 불렀다. 또한 혈액과 조직에서 발견된 식세포를 크기에 따라 대식세포(macrophage)와 소식세포(microphage)로 분류했다. 그리고 소식세포를 호산구(eosinophil)와 호중구(neutrophil)로 다시 나눴다. (훗날 소식세포는 과립세포(granulocyte)로 불리게 됐고 추가로 호염구(basophil)가 있는 것으로 밝혀졌다.) 메치니코프와 동료들은 감염돼 염증이 일어난 조직에서 대식세포와 호중구가 세균을 잡아먹고 파괴하는 현상을 관찰하는 데 성공했다. 메치니코프는 무척추동물은 항체를 만들지 못한다는 사실을 발견했고(적응면역은 척추동물에서 진화한 면역체계다), 특정 세포에서 항체를 만들 것이라고 추정했다. 반면 독일의 파울 에를리히는 화학의 개념을 끌어들여 열쇠와 자물쇠처럼 항체가 병균 표면의 구조를 인식해

세균학의 아버지 로베르트 코흐

# 건강을 지키는 파수꾼, 백혈구

핏속에 있는 백혈구는 병균이 우리 몸에 침입했을 때 병균으로부터 우리 몸을 지켜내는 일을 한다. 이런 일을 '면역'이라고 부르는데, 병균이 다양한 만큼 백혈구의 종류 역시 다양하다.

백혈구는 세포 속에 과립을 가지고 있는 과립 백혈구와 무과립 백혈구로 나눌 수 있다. 과립 백혈구에는 여러 가지 분해 효소가 있어서 병균을 잡아먹을 수 있다. 메치니코프가 발견한 대식세포는 무과립 백혈구의 한 종류인 단핵구로 병균뿐 아니라 죽은 세포까지 말끔히 먹어치운다. 몸에 상처가 나면 가장 먼저 달려오는 것이 중성구. 병균과 싸우다 죽은 중성구가 쌓인 것이 바로 '고름'이다. 중성구는 백혈구의 60~70%를 차지한다. 호중구가 싸우다 지치면 림프구가 나설 차례다. 림프구는 T세포와 B세포 두 가지가 있다. 우리 몸에 낯선 것이 들어왔다는 걸 확인하면 T세포 가운데 세포독성 T세포가 증식해 감염된 세포를 인식해 파괴한다. 한편 B세포는 형질세포로 분화해 항체를 만들어낸다. 항체는 병균 등에 달라붙어서 더 이상 활동하지 못하게 하는 역할을 한다.

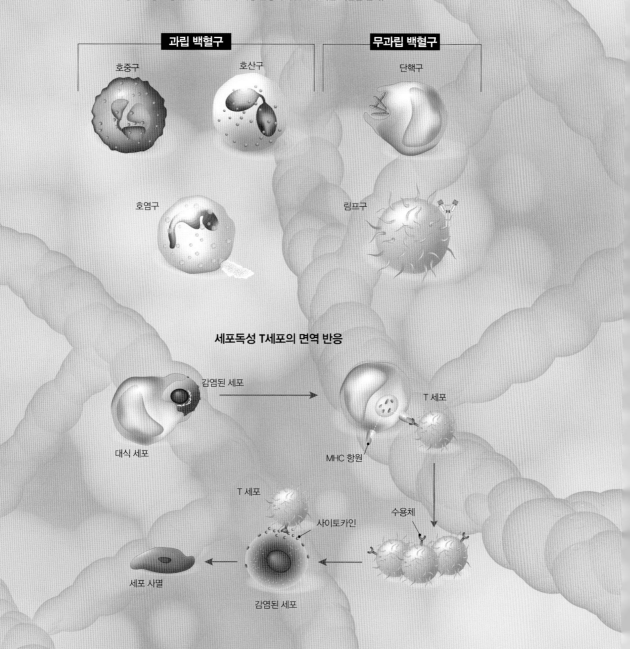

파울 에를리히

달라붙어 병균을 무력화시킨다고 설명했고(맞는 주장), 병균의 공격을 받는 기관에서 만들어진다고 말했다(틀린 주장).

양 진영은 면역계의 실체를 두고 거의 20년을 다투었고 결국 둘 모두 맞는 이론이라는 식으로 논쟁이 가라앉았다. 사실 둘 다 맞았는데 메치니코프 진영은 선천성 면역을, 독일 진영은 적응면역을 발견한 것이기 때문이다. 그리고 1908년 양 진영을 대표하는 메치니코프와 에를리히가 노벨 생리의학상을 공동수상하기에 이르렀다. 당시 에를리히는 공동수상에 대해 불만이 많았는데, 자신의 업적이 훨씬 중요하다고 생각했기 때문이다. 실제 생화학과 분자생물학이 발전하면서 적응면역의 실체, 즉 사실상 무한한 종류의 항원(병원체)에 맞는 항체가 만들어지는 놀라운 메커니즘이 밝혀졌고 면역은 사실상 적응면역을 의미하게 됐다. 이런 관점은 지난 세기 말까지도 계속됐고 지금도 많은 사람들이 그렇게 생각하고 있다.

## 노인학 창시자

한편 면역논쟁이 가라앉을 무렵 면역연구에 대한 메치니코프의 관심도 점차 사그라졌다. 계기는 생각지도 못한 곳에서 시작됐다. 1890년대 들어 건강이 점점 나빠진 파스퇴르는 결국 병이 깊어져 칩거하게 된다. 메치니코프는 주말마다 파스퇴르를 방문해 말동무를 해줬는데, 나날이 수척해지는 그의 모습에 깊이 절망하게 된다. 이 과정에서 쉰 살을 바라보는 메치니코프도 죽음에 대한 두려움이 커졌고 결국 '인간은 왜 늙을까?'라는 근본적인 의문을 품게 된다. 훗날 메치니코프는 '노인학(gerontology)'이라는 용어를 만들기도 했다.

본격적으로 노화연구에 뛰어든 메치니코프는 흥미로운 사실을 깨닫는다. 동물의 수명 데이터를 비교하다 포유류가 비슷한 크기의 조류에 비해 수명이 훨씬 짧다는 패턴을 발견한 것이다. 당시 널리 받아들여지는 학설은 수명이 덩치와 비례한다는 가설이었다(수명의 대사율 가

설로 지금도 유력한 이론이다). 기존 가설이 설명하지 못하는 이 현상에 대해 메치니코프는 기발한 설명을 제시했는데, 바로 장내미생물이 수명에 영향을 미친다는 주장이었다. 즉 대장에 살고 있는 미생물들이 부패를 일으켜 독소를 생성해 숙주에게 질병을 일으키고 노화를 가속화시킨다는 것이다. 그런데 조류의 경우 대장이 거의 퇴화된 상태라 장내미생물도 거의 존재하지 않는다. 조류가 오래 사는 이유다.

　따라서 장수를 위한 가장 좋은 방법은 대장을 통째로 덜어내 미생물이 살 곳을 없애버리는 것이지만 이는 당시로는 너무 위험한 수술이었다. 결국 메치니코프는 차선책을 자신의 삶에 적용했다. 즉 미생물의 섭취를 최소화하기 위해 물도 끓여 마셨고 모든 음식은 조리해 먹었다. 그리고 주위에도 식습관을 바꾸라고 적극 홍보했다. 놀랍게도 그의 상상력은 여기서 멈추지 않았다. 메치니코프는 장내미생물 대다수가 인체에 유해하지만 가끔은 유익한 미생물도 존재한다고 주장했다. 그러면서 대표적인 예로 유산균을 들었다. 즉 유산균 발효 제품에서는 전형적인 부패를 일으키는 다른 세균들이 잘 자라지 못하는데, 이런 현상이 장 속에서도 일어날 거라는 것이다. 실제 동물을 대상으로 한 실험 결과 그의 주장이 맞다는 사실이 밝혀졌다. 메치니코프는 "똑같은 콜레라균에

1911년 촬영한 불가리아 장수촌의 모습. 왼쪽 여성은 101세이고 오른쪽은 아들이다. 요구르트를 즐겨 먹는 이곳에서는 100세가 넘은 사람들이 드물지 않았다고 한다.

락토바실러스 불가리쿠스 균

메치니코프의 이름을 딴 국내 제품

감염돼도 누구는 멀쩡하고 누구는 죽는 건 장내미생물의 조성 차이 때문일 수도 있다"고 설명했다. 지금 생각하면 놀라운 선견지명이다.

이런 와중에 스위스의 연구진이 불가리아의 장수촌에서 많이 먹는 요구르트라며 견본을 보내왔다. 이에 흥미를 느낀 메치니코프는 연구자들에게 요구르트에 사는 미생물을 규명하게 했고 마침내 '불가리아 유산균(락토바실러스 불가리쿠스)'을 발견한다. 한편 메치니코프는 전통적인 요구르트의 경우 다른 균도 섞여 있으므로 일단 우유를 끓여 살균한 뒤 여기에 순수 배양균을 접종해 요구르트를 만들라고 제안했다. 물론 그도 이런 방식으로 만든 요구르트를 매일 먹었다.

1904년 6월 8일 메치니코프는 파리에서 행한 한 대중강연에서 그때까지의 연구결과를 알기 쉽게 소개했다. 언론들은 "장수하려면 요구르트를 먹으라고 메치니코프 박사가 말했다!"는 식으로 강연내용을 대서특필했고 이는 전 세계로 퍼졌다. 업계는 이런 움직임을 놓치지 않았고 마침내 발효유 산업이 태동했다. 즉 배양한 미생물을 적용한 요구르트 제품이 시장에 나오게 된 것이다. 국내 한 업체가 자사 제품에 메치니코프의 이름을 쓴 게 다 이유가 있다.

메치니코프는 "좋은 유산균을 꾸준히 섭취해 나쁜 균을 통제하면 150살까지 살 수 있다"고 얘기했지만 정작 본인의 건강은 그리 좋지 않았다. 신장에 문제가 생겼고 심장에도 이상 신호가 온 것이다. 1915년 12월 감기에 걸린 뒤 후유증으로 건강이 급격히 나빠진 메치니코프는 결국 건강을 회복하지 못했다. 죽음을 앞둔 메치니코프를 더 괴롭게 한 건 자신의 죽음이 곧 자신의 가설에 대한 '반증'으로 작용할 거라는 걱정이었다. 다른 미생물의 섭취는 억제하고 유산균을 많이 먹으면 150년을 살 수 있다며 자신 역시 20년 가까이 식생활에서 엄격하게 실천하고 있었는데 그 절반도 못 되는 나이에 죽게 생겼기 때문이다. 실제로 메치니코프의 사후에 그런 식의 기사가 여럿 나왔다.

메치니코프는 당시로는 드물게 대중에게도 꽤 인기가 많은 과학자였지만 세상을 떠난 뒤 오래지 않아 사람들의 뇌리에서 사라졌다. 항원항체 메커니즘으로 적응면역이 곧 면역계로 인식된 데다 항생제의 발견으로 유산균이 할 일이 없어졌기 때문이다. 물론 발효유 업계에서는 유산균이 중요하다고 꾸준히 주장했지만 큰 설득력은 없었다.

## 뇌 속 미세아교세포도 기원은 선천성 면역

그러나 놀랍게도 20세기 후반 들어 상황이 바뀌기 시작했다. 먼저 선천성 면역의 중요성이 재발견됐다. 적응면역이 정교한 체계이기는 하지만 침입자에 대한 대응을 준비하는 데 상당한 시간이 소요되기 때문에 그전까지는 선천성 면역계가 몸을 지켜야 한다. 그런데 그 과정 역시 매우 정교하고 선천성 면역계에 이상이 있을 경우 치명적인 결과로 이어진다는 사실이 밝혀졌다. 그리고 선천성 면역과 적응면역이 분리된 게 아니라 서로 밀접한 관련이 있다는 사실도 밝혀졌다.

먼저 선천성 면역에서 메치니코프가 주로 연구했던 식작용을 살펴보자. 식작용은 대식세포와 호중구가 주로 담당한다. 대식세포는 몸의 각 기관에 잠복해 있다가 신호(자극)가 오면 활동을 시작한다. 즉 미생물 표면에 있는 특정 분자를 인식하거나, 다른 세포가 분비하는 신호분자인 사이토카인에 반응해 활발한 식작용을 하거나, 염증반응을 유도하고 증폭하는 물질들(IL-1, IL-6, TNF-$\alpha$)을 분비하기도 한다. 또한 잡아먹은 병균을 분해해 세포 표면에 내놓아 적응면역계가 이를 항원으로 하는 항체를 만들게 유도한다. 즉 선천성 면역과 적응면역을 연결하는 역할도 맡고 있다.

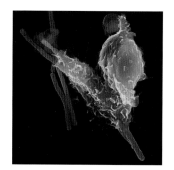

호중구(노란색)가 탄저균(주황색)을 잡아먹는 장면을 포착한 전자현미경 사진
© 플로스 병원체

한편 과거 소식세포로 불렸던 호중구는 혈액 내 백혈구의 절반을 차지할 정도로 수가 많은데, 혈액에서 감염부위로 가장 먼저 이동하는

면역세포다. 비록 덩치는 대식세포보다 작지만 식작용이 활발하고 대식세포와 마찬가지로 활성산소를 만들어 잡아먹은 미생물을 죽인다. 이 과정에 관여하는 유전자에 문제가 있는 사람은 곰팡이나 세균의 감염에 매우 취약하다. 한편 식작용은 침입한 병균을 없애는 면역에만 국한돼 있지 않다. 난자와 정자가 수정해 개체가 발생하는 동안 세포사멸이 일어난다. 예를 들어 사람의 경우 태아에서 손가락이 형성될 때 오리발처럼 막으로 연결돼 있는데 점차 사라지면서 다섯 손가락이 서로 떨어진다. 즉 막을 이루는 세포들이 죽어 없어져야 한다.

이렇게 쓸모없어진 세포 사체를 잡아먹은 뒤 분해해 성분을 재활용하는 것도 다름 아닌 대식세포다. 세포사멸을 결정한 세포는 표면에 "나를 잡아먹어라"는 신호분자를 내보내고 이를 인식한 대식세포가 임무를 수행한다. 흥미롭게도 대식세포가 병균을 잡아먹을 때는 염증반응을 촉진하는 신호분자를 내놓지만, 발생 프로그램에 따라 자살하는 세포를 먹을 때는 오히려 염증반응을 억제하는 신호분자를 내놓는다.

한편 뇌에서도 평생 식작용이 일어나고 있다. 즉 뉴런(신경세포)과 뉴런 사이의 연결인 시냅스는 끊임없이 생겨나고 사라진다. 이때 필요가 없어진 뉴런이나 시냅스를 잡아먹는 역할을 하는 게 미세아교세포(microglia cell)다. 원래 뇌세포는 뉴런과 교세포(glia cell)로 크게 나뉘는데, 미세아교세포의 경우 교세포의 한 종류라고 여겨졌다. 그러나 2000년대 들어 미세아교세포는 그 기원이 원시 대식세포라는 사실이 밝혀졌다. 사람의 경우 임신 한 달 무렵 뇌가 되는 부분으로 들어간 원시 대식세포가 분화해 미세아교세포가 된다. 즉 미세아교세포는 뇌에서 나오는 쓰레기를 처리하는 데 특화된, 대식세포의 친척인 셈이다.

최근 연구에 따르면 미세아교세포가 알츠하이머치매 등 인지능력 저하 질환에도 관여하는 것으로 나타났다. 즉 어떤 이유로 미세아교세포에게 식작용을 하라는 잘못된 신호가 전달되고 그 결과 미세아교세포가 멀쩡한 뉴런과 시냅스를 없애 뇌를 파괴한다는 것이다. 따라서 이런 신호교란을 예방하는 약물을 찾는다면 치매 치료에 획기적인 전기가 될 것이다.

한편 꼭 면역세포만 식작용을 할 수 있는 게 아니라는 사실도 밝혀졌다. 예를 들어 눈에 있는 망막색소상피세포의 경우 원뿔세포에서 나오는 노폐물을 식작용으로 없앤다. 만일 이 작용이 제대로 되지 못할 경우 망막이 손상돼 실명에 이를 수도 있다. 고환에 있는 세르톨리세포도 면역세포는 아니지만 식작용으로 비정상적인 정자를 없애는 역할을 한다. 심지어 일반 상피세포도 인접한 곳에서 세포사멸이 일어난 경우 식작용을 일으켜 이를 잡아먹는 것으로 밝혀졌다.

대식세포의 친척뻘인 미세아교세포(녹색)가 뉴런 사이의 시냅스 가지치기 과정에서 식작용을 하는 장면. 불필요한 시냅스 조각(빨간색과 파란색)을 먹어치우고 있다.
ⓒ 뉴런

## 선천성 면역의 병원체 인식 과정 규명

한편 메치니코프가 외면했던 화학적 측면, 즉 선천성 면역세포들이 어떻게 병원체를 인식해 대응하는가에 대한 분자 차원의 메커니즘도 많이 밝혀졌다. 대다수 면역학자들이 적응면역 분야에 매달리고 있던 1989년 미국 예일대의 저명한 면역학자 찰스 제인웨이는 병원체에 감염됐을 때 선천성 면역계가 제대로 작동하지 않으면 초기 방어에 실패하고 적응면역계 대응에도 문제가 생긴다는 연구결과를 바탕으로 선천성 면역의 중요성을 강조했다. 제인웨이 교수는 병원체에는 선천성 면역계가 인식할 수 있는 표지가 있을 것이라며 이를 '병원체 연관 분자 양식(PAMP)'이라고 불렀다. 또 이를 알아차리는 면역세포의 수용체를 '양식 인지 수용체(PRR)'라고 불렀다. 제인웨이는 PAMP와 PRR의 실체를 찾는 게 시급한 과제라고 주장했다.

무척추동물인 초파리를 대상으로 선천성 면역을 연구하고 있던 프랑스 스트라스부르대 율레스 호프만 교수와 동료 브루노 르매터리 박사는 톨(Toll) 수용체 유전자가 고장 난 초파리의 경우 아스펠로길루스라는 진균(곰팡이)에 감염되면 죽는다는 사실을 발견했다. 반면 정상 초파리는 이 곰팡이를 충분히 견딜 수 있다. 이 과정을 자세히 알아본 결과 톨 수용체가 진균을 인식해 선천성 면역계를 활성화시키는 것으로

1989년 선천성 면역의 중요성과 병원체 인식 메커니즘을 제안한 예일대 찰스 제인웨이 교수. 그가 작고하고 8년 뒤인 2011년 노벨 생리의학상은 선천성 면역 연구자들에게 돌아갔다.
ⓒ 예일대

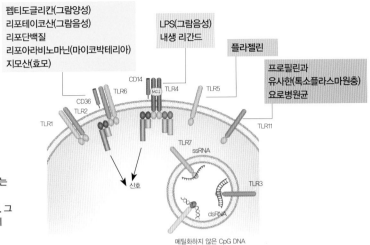

펩티도글리칸(그람양성)
리포테이코산(그람음성)
리포단백질
리포아라비노마난(마이코박테리아)
지모산(효모)

LPS(그람음성)
내생 리간드

플라젤린

프로필린과
유사한(톡소플라스마원충)
요로병원균

CD14

TLR6
CD36
TLR2
TLR1
MD2
TLR4
TLR5

TLR7
ssRNA

TLR11

신호

dsRNA

메틸화하지 않은 CpG DNA

TLR3

선천성 면역세포의 세포막과 핵막에는 다양한 톨 유사 수용체가 분포해 있어서 병원체나 암세포를 인식한다. 그 결과 식작용 등 면역활동이 활발하게 일어난다. ⓒ 네이처 리뷰 암

나타났다. 즉 PRR의 실체를 처음 밝힌 것이다. 이들은 이 연구결과를 1996년 학술지 '셀'에 발표했다. 제인웨이 교수의 실험실에서 박사후 연구원으로 일하던 루슬란 메드츠히토프 박사는 즉각 사람의 게놈에도 비슷한 수용체 유전자가 있는지 조사했고 이미 하나가 알려져 있다는 사실을 발견했다. 이들은 비슷한 두 번째 유전자를 찾았고 여기서 만들어지는 단백질을 '톨 유사 수용체(TLR)'라고 불렀다. 그리고 초파리의 톨 수용체와 마찬가지로 사람의 톨 유사 수용체도 감염될 경우 선천성 면역계를 활성화한다는 사실을 입증했다.

미국 스크립스연구소의 브루스 보이틀러 교수는 그람음성세균의 세포막 표면에 있는 지질다당류(LPS)를 인식하지 못하는 돌연변이 생쥐를 연구한 결과 대식세포가 제대로 작동하지 못한다는 사실을 발견했다. 그리고 돌연변이가 생긴 유전자를 추적한 결과 바로 메드츠히토프와 제인웨이가 발견한 톨 유사 수용체 유전자임이 밝혀졌다. 즉 LPS는 병원체 연관 분자 양식(PAMP)의 하나라는 말이다. 훗날 사람은 TLR 유전자가 10개, 생쥐는 12개가 있는 것으로 밝혀졌다. 이들이 발견한 건 그람음성세균의 LPS를 인식하는 TLR4 유전자였다. 다른 TLR은 각각 그람양성세균이나 진균, 바이러스 등의 PAMP를 인식해 선천성 면역계를 활성화시킨다는 사실이 밝혀졌다.

미국 록펠러대의 랠프 슈타인만 교수는 선천성 면역세포인 수지

상세포(dendritic cell)가 병원체에 감염됐을 때 적응면역계를 활성화시키는 가교 역할을 한다는 사실을 발견했다. 나뭇가지가 뻗어 있는 것처럼 생겼다고 해서 이름 붙여진 수지상세포는 식작용을 해 분해한 병원체의 분자를 세포 표면으로 내보내고 림프기관으로 이동해 T림프구에 항원으로 제시한다. 이렇게 활성화된 T림프구는 이 항원에 맞는 항체를 만드는 B림프구를 활성화시켜 적응면역반응이 일어나게 한다.

2011년 노벨 생리의학상은 율레스 호프만과 브루스 보이틀러, 랠프 슈타인만 세 사람에게 돌아갔다. 아쉽게도 제인웨이 교수는 2003년 60세의 아까운 나이에 작고했다. 수상자인 슈타인만 교수 역시 발표를 불과 사흘 앞두고 사망한 것으로 알려져 주위를 안타깝게 했다. 사실 노벨상은 생존한 과학자에게 주어지는 것이었기 때문에 노벨위원회가 사전에 그의 죽음을 알았다면 루슬란 메드츠히토프(현재 미국 예일대 교수)나 TLR의 정교한 작동 메커니즘을 밝힌 일본 오사카대 아키라 시즈오 교수 가운데 한 사람이 수상자가 됐을 것이라는 얘기가 있다.

## 최후의 수단 분변이식

한편 장내미생물 연구 역시 21세기 들어 르네상스를 맞고 있다. 메치니코프 시절 반짝한 이 분야의 발전이 지지부진했던 건 장내미생물 가운데 배양할 수 있는 종류가 극히 제한돼 있어 제대로 연구를 할 수 없었기 때문이다. 그런데 게놈 해독 기술이 급격히 발전하면서 배양을 하지 않고도 시료에 존재하는 수백 종의 미생물을 한꺼번에 규명할 수 있게 됐다(이를 메타유전체학이라고 부른다). 그 결과 장내미생물에 대한 놀라운 사실들이 속속 밝혀지고 있다.

먼저 장내미생물은 기본적으로 몸에 해롭다는 메치니코프의 주장은 틀린 것으로 나타났다. 모든 다세포생물에는 상주하는 미생물이 존재하고 다세포생물이 진화함에 따라 동거자인 미생물도 같이 진화했다. 둘 사이에는 수억 년에 이르는 밀월의 역사가 있는 셈이다. 그 결과 정

상적인 상태에서는 다세포생물(숙주)과 상주 미생물이 서로 도움이 되는 공생관계를 유지하고 있다는 사실이 밝혀졌다.

　사람의 경우도 장뿐 아니라 피부, 구강, 질(여성) 등 다양한 신체 부위에 고유한 장내미생물들이 수십~수백 종 존재하면서 상부상조하고 있다. 실생활에서는 이들 미생물이 전혀 없는 환경을 만들 수 없기 때문에, 과학자들은 무균 환경에서 무균 상태인 실험동물을 관찰해 미생물이 숙주에 미치는 영향을 추정하는 실험을 했다. 그 결과 무균 동물은 장을 비롯해 신체기관에서 비정상적인 구조가 보였고 정서나 행동에서도 비정상적인 면이 관찰됐다. 따라서 조류가 비슷한 크기의 포유류보다 훨씬 오래 사는 건 대장이 퇴화했기 때문이라는 메치니코프의 설명도 설득력이 떨어진다. 사실 조류에서 대장이 퇴화한 건 날기 위해 몸무게를 최대한 줄이는 방향으로 진화가 일어났기 때문이다(뼈에 구멍이 많이 생겨 가벼워진 것과 같은 맥락이다). 그리고 새가 오래 사는 건 비행으로 잡아먹힐 확률이 낮아지면서 몸의 대사과정을 정교하게 하는 방향으로 진화가 일어났기 때문이다. 그럼에도 유산균을 섭취해 장내 유해균을 퇴치한다는 메치니코프의 발상은 여전히 유효하다. 즉 인체라는 제한된 공간을 차지하기 위해 세균들도 경쟁을 해야 하므로 장속에 유

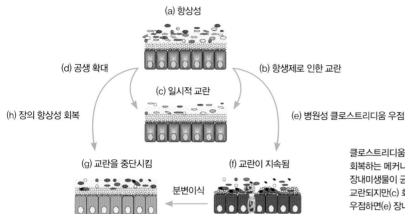

(a) 항상성

(d) 공생 확대

(b) 항생제로 인한 교란

(c) 일시적 교란

(h) 장의 항상성 회복

(e) 병원성 클로스트리디움 우점

(g) 교란을 중단시킴

(f) 교란이 지속됨

분변이식

클로스트리디움으로 인한 장내 세균 불균형을 분변이식으로 회복하는 메커니즘. 항생제를 복용하면(b) 다양한 장내미생물이 균형을 이루고 있는 상태(a)가 일시적으로 교란되지만(c) 회복된다.(d) 하지만 병원성 클로스트리디움이 우점하면(e) 장내 세균불균형 상태가 지속되면서 심각한 병증이 생긴다(f). 이때 분변을 넣어 클로스트리디움의 우점을 무너뜨려(g) 장의 항상성을 회복한다.(h)
© 플로스 병원체

익균이 자리를 차지하고 있을 경우 유해균이 들어와도 자리를 잡기 어렵다. 반면 유해균이 득세하고 있을 경우 외부에서 용병(유익균)을 투입해 전투를 벌인다. 사실 메치니코프가 높이 평가했던 불가리아 유산균은 장에 제대로 자리를 잡지 못하는 것으로 확인됐고 대신 락토바실러스 엑시도필러스라는 유산균이 정착률이 높아 요즘 프로바이오틱스 제품에 널리 쓰이고 있다.

최근 수년 사이 장내미생물이 항생제 내성이 있는 병균을 퇴치하는 마지막 수단으로 쓰일 수 있다는 사실이 밝혀지면서 놀라움을 주고 있다. 즉 클로스트리디움 디피실레라는 세균은 사람들의 장에도 있지만 평소에는 존재감이 없다. 그런데 병이나 수술로 고강도 항생제 처방을 받아 장내미생물 균형이 무너지면 기지개를 켠다. 그 결과 숫자가 늘어나면 장내 면역계를 교란해 염증을 유발하고 설사, 발열, 식욕부진, 구토 등 다양한 증상을 일으킨다. 미국에서만 매년 수만 명이 이 병원균 때문에 목숨을 잃는다. 그런데 이런 환자들의 장에 건강한 사람의 똥(분변)을 넣어주면 그 속에 있던 미생물들이 병원균을 쫓아내고 장내미생물 균형을 되찾는다. '분변이식'으로 불리는 이 치료법의 성공률은 무려 90%나 된다. 다만 분변이식은 표준화된 치료법이 되기는 어렵기 때문에 현재 연구자들은 병원균을 퇴치할 최적의 용병을 선별해 이들을 배

시중에 판매되고 있는 프로바이오틱스 제품. 락토바실러스 엑시도필러스 유산균이 함유되어 있다.

양한 장내미생물 칵테일을 개발하고 있다.

## 면역계와 장내미생물의 만남

메치니코프의 연구생활을 주된 관심사에 따라 나누면 첫 10년은 발생학, 그다음 25년은 면역학, 마지막 10년은 노인학(장내미생물 포함)으로 볼 수 있다. 앞에서 언급했듯이 그가 방어의 관점에서 연구한 식작용은 발생과정에서도 중요한 역할을 한다. 그리고 2000년대 들어 장내미생물 연구가 붐을 이루면서 인체의 면역계와 밀접한 관계가 있다는 사실이 속속 드러나고 있다. 사실 둘 사이는 어떤 식으로든 관련이 있을 수밖에 없다. 면역계가 남으로부터 나를 지키는 방어체계라면 건강한 사람의 경우 장내미생물을 비롯해 인체에 상주하는 미생물이 존재할 수 없기 때문이다. 따라서 둘은 모종의 신호를 주고받으며 서로를 인정하고 있다는 말이다. 즉 면역계는 상주 미생물에게는 '관용'을, 병원체에게는 '불관용(면역성)'을 보인다. 최근 면역계와 상주 미생물 사이에 오가는 신호가 하나둘 밝혀지고 있다. 예를 들어 위와 소장이 채 소화시키지 못한 음식물의 섬유질이 대장으로 넘어오면 장내미생물은 이를 먹고 비타민B3나 짧은 사슬 지방산(SCFA) 같은 유용한 물질을 만들어낸다.

최근에는 SCFA가 특히 주목을 받고 있는데, 장벽을 이루는 상피세포의 에너지원으로 쓰일 뿐 아니라 신호분자로도 작용해 골수에서 세포를 만드는 작용을 촉진하기도 한다. 실제 무균 동물의 경우 골수에서 백혈구를 덜 만드는 것으로 알려져 있다.

한편 선천림프세포(ILC)라는 선천성 면역계 유래 세포는 장내미생물의 분자를 항원으로 제시하는데, 그 결과 면역반응을 유발하는 게 아니라 오히려 억제한다는 사실이 밝혀졌다. 즉 '이런 표지가 있는 세균은 적군이 아니라 우군이니 건드리지 마라'고 알려주는 셈이다. 아직 이 분야의 연구는 시작단계이기 때문에 면역계와 장내미생물의 내밀한 관계

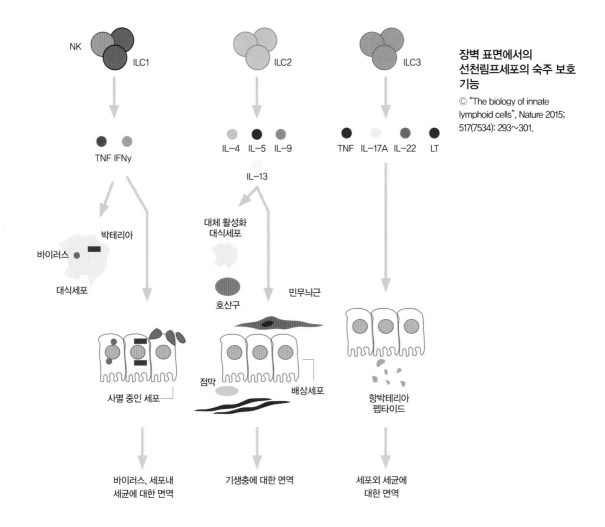

**장벽 표면에서의 선천림프세포의 숙주 보호 기능**

© "The biology of innate lymphoid cells", Nature 2015; 517(7534): 293~301.

에 대한 많은 부분이 여전히 베일에 가려져 있다.

자신이 개척한 연구 분야들이 이처럼 가지를 뻗어가며 점점 더 거대한 구조물로 성장해가는 모습을 메치니코프가 지켜본다면 무척 흐뭇해했을 거라는 생각이 든다.

# 2016 노벨 과학상

## 김정

경희대에서 화학과 언론정보학을 공부했고, 현재 《어린이과학동아》 기자로 활동하고 있는 10년차 과학기자다. 과학의 놀라움과 즐거움을 널리 전하기 위해 노력하고 있으며, 그동안 『가우스는 소수 대결로 마녀들을 물리쳤어』, 『노벨상을 꿈꿔라』 등을 펴냈다.

# 2016 노벨 과학상, 누가 어떤 연구로 받았을까?

## 2016 노벨 과학상, 누가 받았나?

2016년 10월에도 노벨상이 발표됐다. 3일 생리의학상을 시작으로 4일 물리학상, 5일 화학상, 7일 평화상, 10일 경제학상, 그리고 13일 문학상 수상자가 발표됐다.

노벨상은 다이너마이트 발명가로 유명한 스웨덴의 알프레드 노벨의 유언장에서 시작됐다. 그의 유산 3100만 크로나를 기금으로 노벨재단이 세워진 뒤, 여기서 나오는 이자로 1901년부터 해마다 5개 부문(물리, 화학, 생리의학, 문학, 평화)에서 인류에 가장 큰 공헌을 한 사람이나 단체에게 상을 수여하고 있다. 이후 1968년 노벨 경제학상이 추가됐다. 2016년 노벨상은 가수에서부터 과학자, 대통령까지 수상자들의 직업이 매우 다양하다. 그중에서도 가장 화제가 된 건 문학상을 수상한 미국의 대중가수 밥 딜런이다. 밥 딜런은 지금까지 37장의 정규 앨범을 냈고, 지금까지 세계적으로 1억 장 이상의 앨범을 판 대중 음악가다. 출판한 책은 자서전과 산문 시집 단 2권에 불과하다. 수상자를 선정한 스웨덴 학술원은 "반전과 평화, 저항 정신을 노래하면서도, 가사가 서정적이고 시적인 은유와 상징을 구사하고 있다"며, "미국 음악계에서 새로운 시적 표현을 창조했다"고 수상 이유를 밝혔다. 실제로 밥 딜런의 가사는 문학성을 인정받아 학교 수업에서 문학교재로 쓰이고 있다. 심지어 미국 하버드대에서 그의 노래로 고전문학을 가르치는 강좌가 있을 정도도. 한편, 2016 경제학상은 미국 하버드대 올리버 하트 교수(영국)와 벵트 홀름스트룀 MIT 교수(핀란드)에게 돌아갔다. 두 교수는 '계약이론'을 발전시킨 공로를 인정받아 상을 수상했다. 계약이론은 인간의 모든 경제활동은 계약으로 이뤄지며, 서로 거짓이 없고 공정하게 계약을 해야 사회 전체가 이롭다는 이론이다. 이 이론은 실생활과 매우 밀접한 관계에 있다. 실생활에서는 개인 대 기업, 기업 대 기업, 혹은 기업 대 정부 등 다양한 형태의 계약이 이뤄진다. 노벨위원회는 "계약이론은 실생활에서 계약과 제도를 이해하고, 이 과정에서 생길 수 있는 문제를 해결하는 데 도움을 준다"고 수상 이유를 밝혔다.

마지막으로 평화상은 후안 마누엘 산토스 콜롬비아 대통령이 받았다. 산토스 대통령은 52년간 계속된 콜롬비아 무장혁명군과의 내전을 끝내기 위해 노력한 공로를 인정받아 2016 노벨 평화상 수상자로 선정됐다. 콜롬비아 내전에서 민간인만 무려 22만 명이 희생된 것으로 추정된다. 산토스 대통령은 2010년 대통령에 당선된 뒤 4년에 걸친 협정 끝에 2016년 8월, 콜롬비아 무장혁명군의 지도자와 평화협정을 맺는 데 성공했다. 그는 노벨 평화상 상금으로 받은 800만 크로나(약 11억 원) 전액을 콜롬비아 내전 희생자들에게 기부하기로 했다.

노벨상을 만든 스웨덴의 과학자 알프레드 노벨(1833~1896)

2016 노벨 문학상을 받은 미국의 대중가수 밥 딜런

2016 노벨 평화상을 수상한 후안 마누엘 산토스 콜롬비아 대통령

## 노벨상, 어떻게 선정할까?

노벨상 수상자 선정은 후보자 추천, 예비 후보자 및 최종 후보자 선정, 최종 수상자 결정 순으로 이뤄진다. 수상자는 매년 10월 첫째 주와 둘째 주에 발표된다.

노벨상 수상자 선정은 그 전해 초가을부터 시작된다. 이 시기에 노벨상 수여 기관들은 한 분야당 약 1000명씩, 총 6000여 명에게 후보자 추천을 요청하는 안내장을 보낸다. 안내장을 받는 사람은 과거 노벨상 수상자들과 각 분야의 학자들, 대학교 및 학술단체 직원들이다. 이때 자기 자신은 추천할 수 없다.

노벨위원회는 그다음 해 1월 31일까지 추천장을 받는다. 이때 접수되는 예비 후보자의 수는 각 분야별로 보통 100~250명 정도다. 6개 노벨위원회는 2월부터 예비 후보자들의 연구 성과를 평가해 최종 후보자 선정 작업에 들어간다. 이후 9~10월경, 노벨위원회는 각 분야의 상 수여기관에 최종 후보 보고서를 제출한다. 대개 여기서 수상자가 결정되지만 상 수여기관들이 반드시 여기에 따르는 건 아니다. 상 수여기관에서 다시 심사와 표결 과정을 거쳐 최종 수상자를 결정한다. 노벨상은 죽은 사람은 받지 못하는 것으로 알려졌지만, 생전에 수상자로 지명되면 죽고 나서도 받을 수 있다.

## 중력파? 크리스퍼 유전자 가위? 빗나간 예측

2016 노벨 과학상 발표를 앞두고 수상자들에 대한 여러 예측이 나왔다. 그중에서도 캐나다 미디어 그룹 톰슨 로이터는 2002년부터 매해 각 분야별 유력한 수상자 후보를 예측해 왔는데 적중률이 높아 여러 언론의 주목을 받았다. 실제로 톰슨 로이터가 예측한 후보 중 39명이 노벨상을 수상했다. 2016년 톰슨 로이터의 예측은 적중했을까?

재미있게도 이번 예측은 모두 빗나갔다. 톰슨 로이터는 중력파를 검출하는 데 큰 역할을 한 미국 캘리포니아공과대 물리학과 로널드 드레버 명예교수와 같은 대학 킵 손 명예교수, 그리고 MIT(메사추세츠공과대학) 물리학과 라이너 웨이스 명예교수를 유력한 2016 노벨 물리학상 후보로 예측했다. 중력파는 미국의 물리학자 알버트 아인슈타인이 1915년 일반상대성 이론을 발표하며 존재를 예측했지만, 직접 확인하기는 어려웠다. 그러다가 2016년 2월 미국에 위치한 '레이저 간섭계 중력파 관측소(LIGO)'에서 2개의 블랙홀이 충돌하며 합쳐지는 과정에서 발생한 중력파를 검출하는 데 성공했다. 중력파는 거대한 별이 폭발하거나 블랙홀이 부딪히는 등 대규모 우주현상이 일어났을 때, 강력한 중력이 발생해 마치 물결치듯 우주공간에 퍼져나가는 파동을 말한다. 중력파 검출이 확인되자 전 세계 과학계는 "금세기 과학사 최고의 사건"이라며 2016 노벨상은 예약해 두었다고 흥분을 감추지 못했다. 한편, 톰슨 로이터가 예측한 화학상 후보는 3세대 유전자 가위로 잘 알려진 '크리스퍼-카스9'의 연구를 이끈 조지 처치 하버드 의대 교수와 펑장 MIT 교수다. 일명 '크리스퍼'라 불리는 이 유전자 가위는 면역 시스템에 관여하는 효소로, DNA의 특정 염기서열을 맞춤형으로 잘라낼 수 있다. 원하는 염기서열을 자르면 유전자 치료제나 신약 개발에 활용할 수 있어 최근 과학계에서 가장 주목받는 기술 중 하나다.

매년 노벨상 수상이 유력시되는
후보자를 발표하고 있는 톰슨 로이터

마지막으로 톰슨 로이터가 예측한 2016 생리의학상 후보는 면역 치료에 활용되는 T세포의 활성화 과정을 밝힌 연구진이다. 제임스 앨리슨 미국 텍사스대 교수, 제프리 블루스톤 UC샌프란시스코 교수, 크렉 톰슨 메모리얼슬론케터링 암센터장이 그 주인공이다.

사실 이런 예측은 빗나갔지만, 2016 생리의학상 수상자로 선정된 오스미 교수는 톰슨 로이터에서 2013년 유력 후보로 예측된 바 있다. 그래서 2016년 10월 3일 생리의학상 발표 이후, 4일과 5일에 발표되는 물리학상과 화학상 예측 후보도 맞을 것이란 기대가 컸다. 그런데 물리학상과 화학상에서 뜻밖의 수상자가 발표된 것이다. 그래서 노벨과학상 발표 직후, 과학계는 그야말로 '멘붕'에 빠졌다. 어쨌든 이번이 아니더라도 중력파와 크리스퍼 유전자 가위 연구자들이 가까운 시일 내에 노벨 과학상을 수상할 거라는 예측에는 큰 이견이 없다.

## 2016 노벨 과학상의 진짜 주인공은?

그렇다면 진짜 노벨 과학상 수상자들은 누구일까? 2016 노벨 과학상 수상자는 모두 7명이다. 물리학상, 생리의학상, 화학상, 세 분야 모두 맨눈으로 볼 수 없을 정도로 아주 작은 '미시세계'에서 벌어지는 신기한 현상을 밝혀낸 연구 성과라는 공통점이 있다.

### ① 역사상 가장 수학적인 노벨 물리학상!

2016 노벨 물리학상의 주인공은 미국 워싱턴대 데이비드 사울리스 교수, 브라운대 마이클 코스털리츠 교수, 프린스턴대 던컨 홀데인 교수다. 2016 노벨 물리학상 수상자들은 우리 주변에서 흔히 볼 수 있는 고체, 액체, 기체 상태의 물질 변화가 낮은 차원에서는 일어나지 않는다는 사실을 수학적으로 설명했다.

우리가 살고 있는 공간은 3차원이다. 3차원에서 물질은 고체, 액체, 기체로 존재하다가 온도나 압력에 따라 상태가 바뀐다. 예를 들어 물(액체)은 100도에서 끓어 수증기(기체)가 되고, 0도에서 얼어 얼음(고체)이 된다. 이처럼 온도나 압력에 따라 물질의 상태가 변하는 현상을 '상전이' 현상이라고 한다. 그런데 2016 노벨 물리학상 수상자들은 3차원에서 일어나는 상전이 현상이 낮은 차원(1차원과 2차원)에서는 다른 방식으로 일어난다는 사실을 확인했다. 낮은 차원뿐만 아니라 아주 높거나 낮은 온도에서도 물질은 일반적인 상전이 현상과 다른 기묘한 현상을 보였다. 예를 들어 원자들이 한 층 두께로 깔린 엄청나게 얇은 판이 있다고 생각해 보자. 너무 얇아서 높이는 무시할 수 있을 정도다. 즉, 이 얇은 판은 가로, 세로만 있는 2차원 물질이라고 할 수 있다. 기존의 과학자들은 이런 2차원 물질은 열을 가해도 원자가 위로 점프를 하지도 못하고 움직이는 데 한계가 있으니 상태가 바뀌지 못할 거라고 생각했다. 그런데 2016 노벨 물리학상 수상자들은 여기에 의문을 품었다. 그리고 이런 얇은 판(2차원 물질)에서 원자가 굳이 점프하지 않더라도, 평면 위에서 빙글빙글 도는 회전 등의 제한적인 움직임을 통해 상태가 바뀔 수 있을 거라고 생각했다. 수상자들은 1970~1980년대부터 물질의 기묘한 현상에 대해 꾸준히 연구해 왔다. 그 결과, 낮은 차원이나 아주

**데이비드 사울리스**

1934년 영국 비어스덴 출생
1958년 미국 코넬대 물리학 박사
현재 미국 워싱턴대 교수
수상 기여도: 1/2

**마이클 코스털리츠**

1942년 영국 애버딘 출생
1969년 영국 옥스퍼드대
물리학 박사
현재 미국 브라운대 교수
수상 기여도: 1/4

**던컨 홀데인**

1951년 영국 런던 출생
1978년 영국 케임브리지대
물리학 박사
현재 미국 프린스턴대 교수
수상 기여도: 1/4

낮은 온도에서 기존의 통념과 다른 '기묘한 상태'가 나타나는 것을 확인했다. 그리고 이런 기묘한 현상이 일어나는 이유를 수학적인 도구인 '위상수학'으로 설명했다.

데이비드 사울리스 교수와 마이클 코스털리츠 교수가 위상수학의 개념을 활용해 설명한 2차원 물질의 상태 변화, 즉 '위상 상전이'는 보통의 상전이 현상과 다르다. 평평한 2차원의 세상에서 위상 상전이는 작은 소용돌이에 의해 일어난다. 두 사람은 먼저 2차원의 얇은 막에 원자들이 움직여 소용돌이치고 있다고 설명했다. 그리고 낮은 온도에서는 시계 방향과 반시계 방향, 이렇게 반대 방향의 소용돌이가 서로 짝을 이뤄 돌며 마치 두 척의 배가 꽁꽁 묶여 있는 것처럼 가까운 거리에서 함께 움직인다고 했다. 이때는 극저온의 2차원 물질도 초전도체나 초유체처럼 저항이나 마찰 없이 움직일 수 있다. 그러다가 온도가 높아지면 짝을 이뤘던 두 소용돌이가 서로 멀어지며 물질 안을 자유롭게 돌아다니게 된다. 묶여 있던 두 척의 배에서 줄이 풀려 서로 떨어져 다니게 된 것이다. 이렇게 되면 초전도나 초유체 상태가 깨지고 일반 유체가 된다.

두 사람이 물질의 상전이에 대해 만든 이 새로운 이론의 이름은 'KT 상전이'다. 코스털리츠와 사울리스의 이름을 따서 지은 이름이다. 이 이론은 20세기 응집물리학에서 가장 중요한 발견 중 하나로 꼽힌다. 두 사람의 발견은 기존의 통념을 뒤집어 전 세계 과학자들을 깜짝 놀라게 했다. 3차원에서만 가능하다고 생각한 초유체, 초전도체가 2차원에서도 가능함을 처음으로 알려 줬기 때문이다. 던컨 홀데인 교수는 1983년 두 사람의 연구를 1차원 물질로 확대했다. 자성을 띤 원자들을 한 줄로 늘어뜨린 1차원 사슬에 대해 연구한 결과 원자의 특성에 따라 완전히 다른 성질을 보여준다는 사실을 밝혔다.

2016 노벨 물리학상은 역사상 가장 수학적이라는 평가를 받았다. 수상자들은 '위상수학'이라는 수학적 도구를 이용해 낮은 차원에서의 물질의 상태 변화를 밝혀낸 업적을 인정받았다. 노벨위원회는 이들의 연구가 "수학과 물리학의 아름다운 관계를 보여줬다"며, "미지 세계의 문을 열었다"고 표현했다. 덧붙여 올해 수상자들의 업적이 "전자공학이

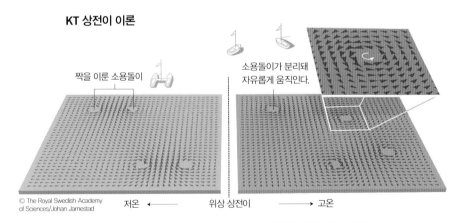

**KT 상전이 이론**

짝을 이룬 소용돌이

소용돌이가 분리돼 자유롭게 움직인다.

© The Royal Swedish Academy of Sciences/Johan Jarnestad

저온 ← 위상 상전이 → 고온

데이비드 사울리스 교수와 마이클 코스털리츠 교수가 위상수학의 개념을 활용해 설명한 '위상 상전이'
낮은 온도에서 가까운 거리에 묶여 있던 소용돌이쌍은 온도가 올라가 상전이가 일어나는 순간, 서로 분리돼 자유롭게 움직이기 시작한다.

나 컴퓨터공학에 사용될 수 있는 실용성보다는 물리학의 통찰력을 제공했다는 점에서 높이 평가했다"고 밝혔다. 2016 노벨 물리학 수상자들의 연구는 앞으로 첨단 신소재 연구에 응용할 무궁한 가능성을 열었다.

### ② 아무도 관심 없던 분야에서 금을 캐다! 노벨 생리의학상

2016 노벨 생리의학상은 6년 만에 단독 수상이 나왔다. 2010년 시험관아기 기술 개발로 로버트 에드워즈 박사가 받은 이후, 그간 여러 명이 공동으로 상을 받아 왔다. 그러다가 2016년 기존의 세포를 재활용해 재빨리 재료와 에너지를 얻는 시스템인 '오토파지(자가포식, 스스로 먹는다는 뜻의 그리스어)' 현상을 연구한 일본 도쿄공업대 오스미 요시노리 명예교수가 노벨 생리의학상을 단독 수상한 것이다.

오토파지 현상은 우리가 살아가는 데 꼭 필요한 과정이다. 지금 이 시간에도 우리 세포는 건강한 상태를 유지하기 위해 열심히 청소하고 있다. 오토파지는 평소에는 우리 몸의 항상성[1]을 유지할 정도로만, 최소한으로 일어난다. 그런데 인체가 오랫동안 영양소를 섭취하지 못하거나, 해로운 균에 감염되는 등 스트레스를 받으면 세포 내 쓰레기가 쌓이게 돼 오토파지도 신속하게 일어난다. 수$\mu$m(마이크로미터ㆍ1$\mu$m는 100만 분의 1m) 크기의 세포는 위기에 처했을 때 자신을 이루는 구성물을 없애거나 재활용하는 방식으로 살아남는다. 가장 대표적인 상황이 바로 밥을 굶었을 때다. 우리 몸은 영양분이 부족해지면 세포 안에 있는 구성요소들을 오토파지로 분해한다. 단백질을 부순 아미노산과 포도당을 에너지원으로 사용하거나, 새로운 소기관을 만드는 재료로 사용하기도 한다. 이렇게 세포 안에서 부지런히 오토파지 현상을 주도하는 것은 바로 '리소좀'이다. 리소좀은 0.4$\mu$m 정도인 공 모양의 소기관으로 세포의 핵 바깥에 있다. 이 안에는 가수분해효소가 들어 있어서 큰 덩어리를 작은 덩어리로 잘게 부술 수 있다. 일종의 세포 속 재활용처리장인 셈이다. 세포는 세포막을 이루는 구성성분을 이용해 더 이상 필요 없게 된

**오스미 요시노리**
1945년 일본 후쿠오카 출생
1974년 일본 도쿄대 화학박사
현재 일본 도쿄공업대 명예교수
수상 기여도: 1/1

---

1 항상성: 주변 환경이나 우리 몸속의 환경이 바뀌더라도 체온이나 혈당 같은 몸속 환경을 일정하게 유지하는 성질.

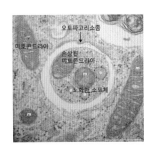

오토파지 현상을
현미경으로 찍은 사진

쓰레기들을 쓰레기통에 담는다. 이 쓰레기통을 '오토파고솜'이라고 부른다. 오토파고솜은 물풍선처럼 얇은 막으로 둘러싸여 있다.

오토파고솜은 세포 안을 둥둥 떠다니다가 리소좀을 만나면 합쳐진다. 이렇게 합쳐진 덩어리를 '오토파고리소좀'이라고 부른다. 그러면 리소좀 안에 있는 가수분해효소가 오토파고솜 안에 있던 쓰레기들을 잘게 부수기 시작한다. 분해가 끝나면 막이 터지면서 안에 들어 있던 잘린 조각들이 세포 안으로 쏟아져 나온다. 그리고 이 물질들은 에너지원으로 쓰이거나, 다른 세포 소기관을 만드는 재료로 재활용된다. 이외에도 오토파지 현상은 몸속에 들어온 병균을 없애거나, 노화하거나 병든 세포를 없애는 등 여러 가지 중요한 역할을 한다. 그래서 오토파지 현상이 제대로 일어나지 않는다면 노화와 대사질환, 감염성 질환, 면역질환, 퇴행성 신경질환 등 수많은 질병이 생길 수 있다. 오토파지가 세포 안을 부지런히 청소해 건강을 지켜주는 셈이다.

오스미 교수는 자가포식 현상에 관여하는 유전자를 처음으로 발견하고, 그 기능을 설명한 공로를 인정받았다. 사실 오토파지라는 이름을 붙인 사람은 오스미 교수가 아니라 1960년대 벨기에의 생화학자 크리스티앙 드 뒤베 박사였다. 그는 세포를 현미경으로 관찰해 세포 안에 둥둥 떠다니던 오토파고솜을 리소좀이 분해하는 현상을 발견했다. 하지만 당시 학계에서는 오토파지에 대해 큰 관심이 없었다. 그래서 더 이상 구체적인 연구 결과가 나오지 않았다. 오스미 교수는 1990년대부터 오토파지 현상을 본격적으로 연구했다. 당시 오토파지가 어떻게 일어나는지, 왜 일어나는지 전혀 알려지지 않아, 오토파지를 연구하는 일은 황무지를 개척해내는 일과 비슷했다. 오스미 교수는 오토파지를 자세히 관찰하기 위해 효모로 연구를 시작했다. 효모는 세포를 가진 생물(진핵생물) 가운데 구조가 비교적 단순하다. 그래서 어떤 유전자가 어떤 역할을 하는지 다른 동물에 비해 실험하고 관찰하기 쉽다. 하지만 세포의 크기가 너무 작아, 그 안에서 일어나는 현상을 관찰하는 일이 쉽지 않다. 그래서 오스미 교수는 효모에서 오토파지가 일어난다는 사실을 밝히기

## 오토파지가 하는 일

❶ 더 이상 쓸모없는 세포 구성 요소를 분해하고 재활용
❷ 영양소가 부족할 때 단백질 등을 분해해 에너지원 생산
❸ 노화하거나 손상된 세포를 없애 질병을 예방
❹ 비정상적인 단백질 덩어리나 세포 소기관을 제거
❺ 면역계에서 병원균을 없애 질병을 예방

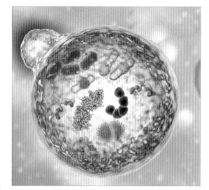

## 오토파지 과정

① 세포는 망가진 소기관이나 쓸모없는 단백질을 없애려 한다.
② 망가진 세포 구성성분이나 필요 없는 단백질 등을 세포막 성분으로
　 포장하기 시작한다.
③ 포장이 다 끝나면 자가소포체가 된다.
④ 자가소포체, 그리고 분해효소를 지닌 리소좀이 융합한다.
⑤ 리소좀에 든 가수분해효소가 자가소포체 안의 물질들을 분해한다.
　 잘게 부서진 분자와 대사물질은 다른 곳에 재활용될 수 있다.

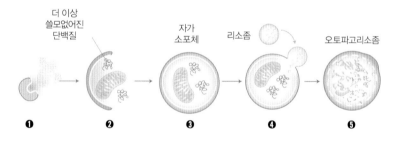

더 이상
쓸모없어진
단백질

자가
소포체

리소좀

오토파고리소좀

❶　　❷　　❸　　❹　　❺

위해 새로운 아이디어를 고안해냈다. 효모에 돌연변이를 일으켜 오토
파지가 잘 일어나지 않도록 방해한 것이다. 그렇게 되면 세포 안에 노폐
물이 분해되지 못하고 잔뜩 쌓여 오토파지가 제대로 일어나지 않았음을
확인할 수 있을 거라고 생각했다. 그는 효모에 일부러 돌연변이를 일으
켜 리소좀에 가수분해효소가 없도록 만들었다. 그 결과 효모 안에는 오
토파고솜이 쌓여 있었고, 오토파고솜 안에는 분해되지 못한 노폐물과
소기관들이 가득 들어 있었다.

　　오스미 교수는 학계에 오토파지가 일어나는 현상을 보고했다. 효

## 세포의 구조

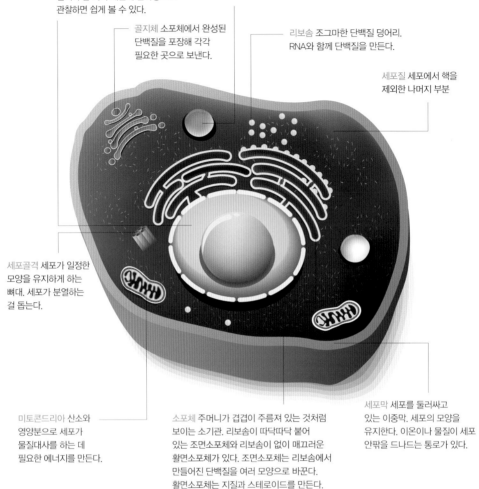

핵 유전물질인 DNA가 들어 있는 곳으로 세포에서 가장 중요한 부분. 염색이 잘 되기 때문에 현미경으로 관찰하면 쉽게 볼 수 있다.

리소좀 가수분해 효소가 들어 있어서 세포 내 노폐물을 잘게 부순다.

골지체 소포체에서 완성된 단백질을 포장해 각각 필요한 곳으로 보낸다.

리보솜 조그마한 단백질 덩어리. RNA와 함께 단백질을 만든다.

세포질 세포에서 핵을 제외한 나머지 부분

세포골격 세포가 일정한 모양을 유지하게 하는 뼈대. 세포가 분열하는 걸 돕는다.

미토콘드리아 산소와 영양분으로 세포가 물질대사를 하는 데 필요한 에너지를 만든다.

소포체 주머니가 겹겹이 주름져 있는 것처럼 보이는 소기관. 리보솜이 따닥따닥 붙어 있는 조면소포체와 리보솜이 없이 매끄러운 활면소포체가 있다. 조면소포체는 리보솜에서 만들어진 단백질을 여러 모양으로 바꾼다. 활면소포체는 지질과 스테로이드를 만든다.

세포막 세포를 둘러싸고 있는 이중막. 세포의 모양을 유지한다. 이온이나 물질이 세포 안팎을 드나드는 통로가 있다.

## 살아있는 세포

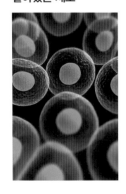

모의 세포 안에서 오토파지가 일어나는 것은 물론, 사람의 세포에서도 일어난다는 사실을 확인했다. 또 어떤 유전자가 오토파지를 일으키는 데 관여하는지도 찾아냈다. 그는 이 업적을 인정받아 2016 노벨 생리의학상을 받게 됐다. 지금까지 오토파지와 관련이 있다고 알려진 병은 비만과 당뇨 같은 대사질환과 허팅턴무도병, 알츠하이머성 치매, 파킨슨병 같은 퇴행성 뇌질환, 그리고 암이나 심혈관 질환 등이다. 이 병들은 현대의 의학기술로는 완치하기가 어려운 난치병이다. 이 난치병들이 오토파지와 관련이 있다고 보는 이유는 오토파지가 일어나야 하는 순간에 일어나지 못하면, 비정상적인 단백질과 소기관이 쌓이면서 세포 내 항상성이 무너져 각종 병을 유발하기 때문이다.

따라서 과학자들은 오토파지에 대해 더욱 많은 것을 밝히면 이런 난치병들을 해결할 수 있을 것으로 기대하고 있다. 그래서 과학자들은 여러 가지 실험을 통해 오토파지를 활성화시키는 방법을 연구하거나, 오토파지를 이용해 병을 치료하는 방법을 찾고 있다.

2016 노벨 생리의학상을 받은 소감 발표에서 오스미 교수는 "향후 10년 내에 오토파지를 활용한 치료제가 나올 것으로 기대한다"고 밝혔다. 실제로 현재 많은 과학자들이 난치병 해결을 꿈꾸며 열정을 쏟아 오토파지에 대해 연구하고 있다. 가까운 미래에는 오토파지 연구가 여러 난치병을 해결하길 기대해 본다.

### ③ 모처럼 빛난 기초 화학의 낭만, 노벨 화학상

2016 노벨 화학상은 '세상에서 가장 작은 분자기계'를 개발한 프랑스 스트라스부르대 장 피에르 소바주 교수, 미국 노스웨스턴대 프레이저 스토더트 교수, 네덜란드 흐로닝언대 베르나르트 페링하 교수가 공동 수상했다.

분자기계는 머리카락의 1000분의 1 정도인 nm(나노미터, 1nm=10억 분의 1m) 크기의 분자 또는 분자 집합체다. 이것은 우리가 흔히 '기계'라고 생각하는 것과 다르게 생겼다. 피스톤이나 바퀴와 같은 부품의 운동을 이용해 에너지를 일로 변환시켜 주는 그런 '기계' 말이다. 분자기계는 일단 무척 작고, 일반적인 기계와 달리 왕복이나 회전 운동 등을 가능하게 하는 부품도 들어 있지 않다. 그럼에도 분자'기계'라고 하는 건, 분자나 분자 집합체가 빛이나 열과 같은 외부의 자극에 반응해 기계적으로 움직일(회전이나 직선 운동 등) 수 있기 때문이다. 분자기계는 대체 어떻게 움직이는 걸까?

분자기계가 자유롭게 움직일 수 있는 비결은 원자들이 화학적 결

**장 피에르 소바주**

1944년 프랑스 파리 출생
1971년 프랑스
스트라스부르대 박사
현재 프랑스 스트라스부르대 교수

**프레이저 스토더트**

1942년 영국 에딘버러 출생
1966년 영국 에딘버러대 박사
현재 미국 노스웨스턴대 교수

**베르나르트 페링하**

1951년 네덜란드 바거－
콤파스컴 출생
1978년 네덜란드 흐로닝언대 박사
현재 네덜란드 흐로닝언대 교수

합인 공유결합을 하지 않고, 기계적 결합에 의해 묶여 있기 때문이다. 보통 분자는 원자들이 서로 전자를 공유하면서 강하게 결합하는 공유결합에 의해 연결된다. 하지만 분자기계는 화학적 결합이 아니라 기계적 결합을 하고 있기 때문에, 각 분자가 연결된 뒤에도 자유롭게 움직일 수 있다. 사실 분자기계는 이미 자연에 존재하고 있다. 가장 대표적인 것이 우리 몸의 세포다. 세포는 유전정보에 따라 원료인 아미노산을 붙이고 결합해 단백질을 만든다. 이렇게 만들어진 단백질은 우리 몸을 구성하는 세포가 되거나, 몸 안에서 이뤄지는 대사 작용을 조절하는 역할을 한다. 하지만 분자기계를 인공적으로 만들어내기란 쉽지 않았다. 1960년 대 초, 두 개의 고리가 마치 사슬처럼 수직으로 맞물려 있는, 기계적 결합으로 연결된 분자 '캐터네인'이 만들어졌다. 하지만 캐터네인은 만드는 과정이 너무 복잡하고, 이론에서 예상된 값보다 만들어지는 양이 너무 적어 실용적이지 못했다.

그러다가 1983년, 한 과학자가 '캐터네인'을 만드는 데 성공했다. 그 주인공이 바로 2016 노벨 화학상 수상자 중 한 명인 프랑스의 화학자 장 피에르 소바주다. 소바주 교수는 1983년 구리이온을 중심으로 두 개의 분자를 결합해 하나의 사슬로 만드는 데 성공했다. 소바주 교수는 구리이온이 고리형 분자와 반원형 분자를 붙잡으면, 또 다른 반원형 분자를 연결해 새로운 고리를 만들었다. 이 연구를 통해 많은 화학자들이 다양한 모양의 고리형 분자 사슬을 만들 수 있었다.

두 번째 노벨 화학상의 주인공은 프레이서 스토더트 미국 노스웨스턴대 교수다. 스토더트 교수는 고리형의 분자가 긴 막대형 분자 사이를 자유롭게 움직이는 '로탁세인'을 개발했다. 스토더트 교수는 전자가 부족한 고리형 분자와 전자가 풍부한 막대형 분자 사이의 인력을 이용했다. 두 분자를 용액 안에서 만나도록 하자, 전자가 부족한 고리형 분자가 전자가 풍부한 막대형 분자 쪽으로 끌려갔다. 결국 고리형 분자는 막대형 분자에 꿰어졌다. 이때 막대형 분자의 양끝에 마개가 달려 있어 고리형 분자는 빠지지 않고 막대 사이를 왔다 갔다 했다. 이 분자를 '로

## 캐터네인이 만들어지는 과정

**1** 고리형 분자와 반원형 분자가 구리이온에 이끌린다.

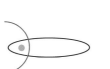

**2** 구리이온이 고리형 분자와 반원형 분자를 붙잡는다.

**3** 새로운 반원형 분자가 2단계 반원형 분사에 붙어 고리가 만들어진다.

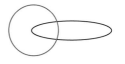

**4** 구리이온을 빼면 두 분자가 기계적인 결합으로 연결돼 하나의 사슬이 만들어진다.

## 공유결합

1단계: 두 수소(H) 원자가 만난다.

2단계: 맨 바깥쪽 궤도가 서로 가까워진다.

3단계: 두 원자가 전자들을 함께 나누어 가지면서 하나의 분자로 결합한다.

## 소바주 교수가 만든 다양한 모양의 분자 사슬

a.
세잎 매듭

b.
브로민 고리

c.
솔로몬의 매듭

© 노벨위원회

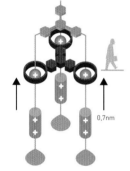

탁세인'이라 부른다.

소바주 교수와 스토더트 교수 덕분에 기계적 결합으로 연결된 분자들이 자유롭게 움직일 수 있는 화합물이 만들어졌다. 드디어 외부의 자극을 받아 기계적으로 움직일 수 있는 '분자기계'의 서막이 열린 것이다. 2005년 스토더트 교수는 로탁세인을 이용해 '분자 엘리베이터'를 만들었다. 이는 정육각형 모양의 분자 세 개가 산화·환원 반응에 의해 위, 아래로 움직이는 분자기계다. 스토더트 교수는 분자 엘리베이터를 통해 부품을 0.7nm 들어 올리는 데 성공했다.

소바주 교수 또한 로탁세인을 이용해 구리이온을 만나면 길게 펴지고, 아연이온을 만나면 줄어드는 '인공근육'을 만들었다. 이는 우리

**분자 승강기**
스토더트 교수는 로탁세인을 이용해 분자 승강기를 만들었다. 분자 승강기는 스스로를 땅에서부터 0.7nm까지 들어올릴 수 있다.

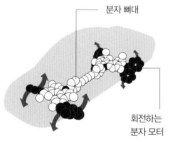

분자 뼈대

회전하는 분자 모터

**페링하 교수가 만든 나노 자동차**
페링하 교수는 빛과 열에 의해 연속적으로 한 방향으로 회전하는 분자 모터 4개를 이용해 나노 자동차를 만들었다.

**로탁세인이 만들어지는 과정**

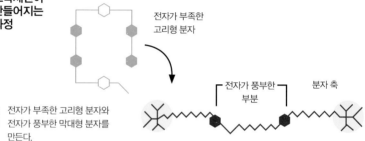

전자가 부족한 고리형 분자

전자가 풍부한 부분

분자 축

**1** 전자가 부족한 고리형 분자와 전자가 풍부한 막대형 분자를 만든다.

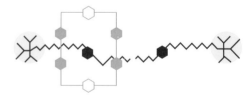

**2** 막대형 분자에 막대형 분자가 꿰어지면 고리가 닫힌다.

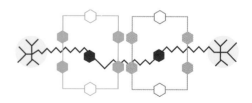

**3** 고리형 분자가 막대형 분자 사이를 왔다 갔다 움직인다.

© 노벨위원회

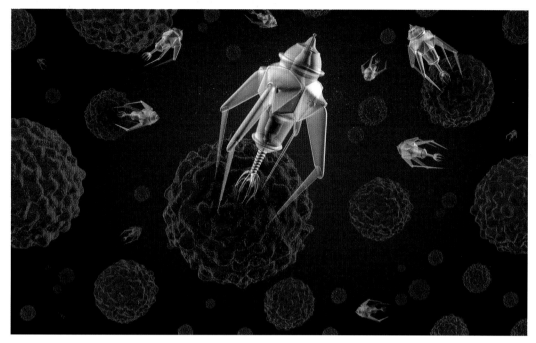

**나노 로봇 상상도**
나노 로봇이 질병을 치료하기 위해 혈관 속에 들어가 바이러스를 죽이고 있다.

몸의 근육단백질인 '미오신'의 움직임과 비슷하다.

하지만 분자기계의 결정판으로 손꼽히는 건 '분자 모터'다. 2016 노벨 화학상의 마지막 주인공은 베르나르트 페링하 네덜란드 호로닝언대 교수다. 페링하 교수는 1999년 '분자 모터'를 만들었다. 분자 모터는 빛과 열에 의해 순차적으로 구조가 변하며 회전날이 연속적으로 한쪽 방향으로 회전한다. 페링하 교수는 2011년 이 분자 모터 4개를 이용해 나노 자동차를 만들었다. 분자 모터는 나노 자동차의 바퀴 역할을 해, 빛을 받으면 바퀴가 회전하며 나노 자동차를 앞으로 움직인다. 현재 페링하 교수는 초당 1200만 번 이상 회전할 수 있는 빠른 모터로 성능을 개선하는 데 성공했다.

노벨위원회는 노벨 화학상 수상자로 3명의 과학자를 선정한 이유에 대해 "이들은 세상에서 가장 작은 기계인 분자기계를 만들어냈다"며 "기계를 매우 작게 만들어 화학을 새로운 차원으로 발전시켰다"고 설명했다. 또 "분자기계를 이용해 앞으로 새로운 물질이나 센서, 에너지저 장시스템 등을 개발할 수 있을 것으로 기대된다"고 말했다. 사실 분자 기계에 대한 연구는 아직 걸음마 단계다. 화학자들은 이제 겨우 에너지를 공급받아 원하는 방향으로 회전운동을 하거나 직선운동을 하는 분자를 합성했을 뿐이다. 극복해야 할 문제는 많지만 과학자들은 앞으로 20~30년 뒤에는 분자기계로 나노 로봇, 나노 컴퓨터 등을 개발할 수 있을 거라 낙관한다. 분자기계를 통해 눈에 보이지 않는 아주 작은 컴퓨터, 그리고 우리 몸속을 자유롭게 움직이며 몸에 쌓인 중금속을 모아 밖으로 배출시키거나 암세포를 치료하는 나노 로봇 등을 만들 수 있는 것이다. 작은 분자기계가 바꿀 미래가 무척 기대된다.

## 잠깐! 2016 이그노벨상

이그노벨상은 미국 하버드대에서 발행하는 과학유머잡지 『황당무계 연구 연보』에서 매년 노벨상 수상자를 발표하기 한 달 전인 9월에 발표한다. '이그(IG, Improbable Genuine)'는 '사실 같지 않은 진짜'라는 말을 줄인 것으로, 1991년 처음 만들어졌다. 이그노벨상은 노벨상을 패러디해 만들어졌다. 상금은 짐바브웨 달러로 10조 달러다. 10조라고 하면 무척 큰 상금인 것 같지만, 지금은 사용하지 않는 돈이라 가치가 거의 없다. 하지만 이 상은 단순히 웃기기만 한 상은 아니다. 황당하고 재미있으면서도 많은 생각할 거리를 던져 과학자들도 이그노벨상의 가치를 인정한다. 실제 노벨상 수상자들도 시상을 하거나 상을 받으러 직접 시상식에 참석한다. 2016 이그노벨상은 총 10개 부문에서 수상자를 선정했다. 수상 부문은 매해 달라진다. 2016년에는 어떤 수상자들이 이름을 올렸을까?

### ① 생식상: 쥐의 성생활이 줄어든 이유는?

동물을 사람처럼 살게 만든 연구로 상을 수상한 의사가 있다. 이집트의 비뇨기과 의사 고(故) 아흐메드 샤픽 교수는 쥐에게 다양한 옷감으로 만든 바지를 입힌 뒤 쥐의 성생활에 어떤 영향을 미치는지 연구했다. 그 결과, 폴리에스터로 만든 바지를 입힌 쥐는 성적인 행동이 현저하게 줄어든 반면, 면 100%나 양털 100%로 만든 옷을 입은 쥐는 정상 반응이 나타남을 확인했다. 샤픽 교수는 "쥐가 폴리에스터 옷감에서 생긴 정전기에 영향을 받은 것 같다"고 추측했다.

아흐메드 샤픽 교수의 논문에 그려진 바지를 입고 있는 쥐

### ② 경제학상: 돌의 브랜드 성격을 마케팅 관점으로 평가했다고?

뉴질랜드 마세이대 마크 아비스, 영국 버밍엄대 사라 포비스, 뉴질랜드 오타고대 쉘라흐 퍼거슨 박사는 돌의 사진을 보고 돌의 성격이 어떻게 인지되는지 마케팅적인 관점으로 연구한 공로를 인정받아 이그노벨 경제학상을 받았다.

### ③ 물리학상: 소가죽파리와 잠자리가 특별히 좋아하는 색깔의 비밀은?

동물들이 특별히 좋아하는 색깔이 있을까? 헝가리 에오츠보스대 물리학연구소 바이오물리학과 가보르 호르바트 교수팀은 흰색 말에 소가죽파리가 가장 덜 꼬이는 이유가 뭔지 연구했다. 그 결과 말의 털 색깔에 따라 햇빛이 다르게 편광돼 반사되기 때문이라는 사실을 밝혔다. 한편 연구팀은 2007년 잠자리가 검은색 묘비에 끌리는 이유도 편광 때문이라는 사실을 밝혔다.

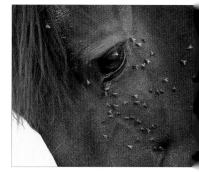

말에 달라붙은 소가죽파리들

### ④ 화학상: 배출가스 조작 스캔들을 일으킨 자동차 회사에 대한 경고!

이그노벨 화학상은 2015년 배출가스 시험 조작 스캔들을 일으켜 전 세계적인 물의를 빚은 독일의 자동차 회사 '폭스바겐'이 수상했다. 주최 측은 차량을 테스트할 때마다 자동으로 더 적은 배기가스를 배출하게 해 오염 문제를 '해결했다'는 이유로 상을 수여한다고 조롱했다. 이그노벨상의 풍자가 돋보이는 수상이다.

볼프스부르크에 위치한 폭스바겐 공장

### ⑤ 의학상: 착각에 빠진 뇌! 이게 왼팔이야? 오른팔이야?

이그노벨 의학상은 몸 왼쪽이 가려울 때 거울을 보고 오른팔을 긁

으면 가려움을 해소할 수 있다는 것을 연구한 독일 뤼베크대 신경학과 크리스토프 헬름첸 교수 외 4명이 수상했다. 연구팀은 실험 참가자의 양팔 가운데에 거울을 놓고 오른팔을 비췄다. 실험 참가자는 거울에 가려진 자신의 진짜 왼팔 대신, 거울에 비친 오른팔이 자신의 왼팔이라는 착각에 빠지게 됐다. 물론 반대의 경우도 마찬가지다. 이 상태에서 다른 사람이 오른팔을 긁으면, 거울을 보고 있던 실험 참가자는 자신의 왼팔이 시원해진다고 느꼈다. 크리스토프 헬름첸 교수팀은 "가려워도 긁으면 안 되는 피부병에 걸렸을 때 반대 방향을 긁으면 된다"며 이 연구의 의미를 강조했다.

### ⑥ 심리학상: 사람은 평생 언제, 얼마나 자주 거짓말을 할까?

이그노벨 심리학상은 벨기에, 미국, 네덜란드 괴짜들이 받았다. 이들은 6세에서 77세까지 1005명을 대상으로 거짓말을 얼마나 자주 하는지 조사했다. 그 결과, 사람은 나이가 들면서 점점 거짓말을 많이 하다가 청소년 시기에 정점을 찍고 성인이 되면 하루에 2번 정도 거짓말을 하다가, 나이가 들면서 다시 점점 거짓말의 수가 줄어든다고 밝혔다.

### ⑦ 평화상: 가짜 명언에 속지 마라!

"심오해 보이는 헛소리의 수용과 인식에 대해"라는 논문으로 캐나다 워털루대 심리학과 고돈 페니쿡 교수팀이 이그노벨 평화상을 수상했다. 연구팀은 실험 참가자들에게 무작위로 아무 단어나 추출해 만든 문장을 명언이라고 보여줬다. 그 결과, 지적 수준이 낮을수록 아무렇게나 만든 가짜 명언에 높은 점수를 줬다고 한다.

이그노벨상 시상식에서 토마스 트웨이츠가 염소다리를 하고 참가한 모습
© 이그노벨상 시상식

### ⑧ 생물학: 염소, 오소리, 수달, 여우, 새…, 직접 동물이 되어 보기!

2016 이그노벨 생물학상은 2명의 영국인이 공동 수상했다. 영국의 기술자이자 예술가인 토마스 트웨이츠와 자연주의 작가인 찰스 포스터가 그 주인공이다. 먼저 토마스 트웨이츠는 보철로 인공 염소다리를

만들어, 직접 염소처럼 걷고 염소처럼 살았다. 스위스 알프스의 한 농장에서 염소 떼에 묻혀 풀을 뜯어먹고 '음메~' 하고 울면서 3일을 보냈다. 그는 이 과정을 『짐승과 염소맨 되기』란 책으로 출판했고, 2016 이그노벨 생물학상 수상자가 됐다.

한편, 공동수상자인 찰스 포스터는 야생에서 오소리, 수달, 여우, 새, 사슴 등 다섯 종의 동물처럼 살며 산비탈에 굴을 파고 들쥐의 냄새를 맡고 벌레를 잡아먹으며 살았다. 그 역시 이 경험을 책으로 썼고 토마스 트웨이츠와 함께 이그노벨 생물학상을 받았다.

### ⑨ 문학상 : 파리에 대한 깊은 고찰

2016 이그노벨 문학상은 죽은 파리와 죽지 않은 파리를 수집하는 즐거움에 대해 쓴 3권짜리 자전적 소설 『파리잡이』의 작가 프레드릭 쇼베르그가 수상했다.

### ⑩ 인식상: 다리 사이로 보면 물체가 작아 보인다?

일본 리츠메이칸대 심리학과 아츠키 히가시야마 교수와 오사카대 인간과학대 코헤이 아다치 교수는 '가랑이 사이로 본 세상'이란 연구로 2016 이그노벨 인식상을 받았다. 그들은 어떤 물체를 똑바로 서서 볼 때와, 허리를 굽혀 다리 사이로 뒤를 볼 때 그 크기와 거리가 달라 보인다는 것을 증명했다. 히가시야마 교수팀은 이 연구를 위해 15명은 똑바로 서서, 다른 15명은 허리를 앞으로 굽힌 채 다리 사이에 있는 물체를 보도록 했다. 그 결과 다리 사이로 본 그룹은 물체가 더 작고, 가깝게 보인다고 답했다.

*issue 10*

# 중력파

## 이억주

성균관대 물리학과를 졸업하고 동 대학원에서 원자핵물리학을 전공해 석사 학위를 받았다. 《어린이과학동아》를 창간하여 초대 편집장을 역임했다. 현재 출판 기획과 과학 칼럼니스트로 활동하고 있다. 쓴 책으로는 『인류가 원하는 또 하나의 태양 핵융합』 등이 있다. 1999~2001년 한국과학문화재단 우수과학도서 선정위원으로 활동했으며, 2001년 잡지언론상(편집부문)을 수상했다.

# 우주의 비밀을 푸는 또 하나의 눈, 중력파 검출

가지타 다카아키 교수

아서 맥도널드 교수
© Art Babych

## 아인슈타인의 중력파 예언은 결국 맞았다!

2016년 2월 12일, 긴 설날 연휴의 후유증이 끝나갈 무렵 실시간 검색어에 '중력파'가 올라오기 시작했다. 미국국립과학재단(NSF)의 라이고(LIGO, The Interferometer Gravitational Wave Observatory; 레이저 간섭계 중력파 관측소) 연구진이 100년 전에 아인슈타인이 예언했던 그 중력파가 검출되었다는 발표를 한 것이다. 학부와 대학원에서 물리학을 전공한 필자에게 중력파 검출 소식은 빛의 속도를 넘는 충격파로 다가왔다. 물리학에는 여러 가지 난제가 있지만 중성미자의 질량 유무와 함께 중력파 검출은 최대의 화두였다. 그러나 중성미자에 대해서는 1998년 일본 도쿄대 가지타 다카아키 교수와 2001년 캐나다 퀸스대 아서 맥도널드 교수가 그 질량을 확인해 2015년 노벨 물리학상을 공동

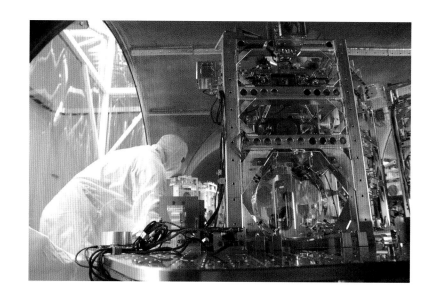

LIGO 연구진이 중력파를
감지하는 모습
© LIGO

수상했다. 따라서 이번 중력파 검출은 2016년 노벨 물리학상이 확실시
되는 역사적인 성과였다.

　물론 2016년 10월 4일 발표된 노벨 물리학상은 물질의 위상 전이
현상을 밝힌 미국 워싱턴대 데이비드 사울리스 교수, 미국 프린스턴대
던컨 홀데인 교수, 미국 브라운대 마이클 코스털리츠 교수에게 돌아갔
다. 필자를 포함한 많은 사람들이 중력파 검출이 노벨 물리학상을 수상
하지 못한 것에 대해 의아하게 생각했다. 하지만 중력파 검출이 노벨상
을 수상하게 되는 것은 시간문제라고 생각한다. 중요한 것은 노벨상을
받느냐 안 받느냐가 아니라 아인슈타인이 예언한 중력파가 결국 100년
만에 검출되었다는 사실이다. 그렇다면 중력파가 무엇이기에 과학계가
떠들썩한 것일까? 아인슈타인은 왜 중력파의 존재를 예언했으며 중력
파는 어떻게 검출되었을까? 중력파가 검출되면 앞으로 어떤 일이 벌어
지는 것일까?

## 특수상대성이론과 일반상대성이론

　알베르트 아인슈타인은 흔히 '기적의 해'라 불리는 1905년, 특수

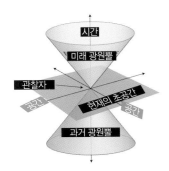

특수상대성이론에 따른
시공간 도식화

아이작 뉴턴

상대성이론을 발표했다. 10년 후인 1915년에는 일반상대성이론을 발표했다. 특수상대성이론은 빛의 속도가 변하지 않으며, 움직이는 물체는 시간이 느려지고 길이가 줄어들며 질량이 증가한다는 것이다. 또 특수상대성이론을 통해 질량과 에너지는 결국 같다는 것을 밝혔다. '특수'라는 말이 들어간 것은 움직이는 물체가 등속도인 특수한 상황에서만 적용되기 때문이다. 일반적인 상황에서 운동하는 물체는 등속운동보다는 가속운동이 많다. 즉, 속도가 변하는 것이다. 이런 일반적인 상황에도 적용할 수 있는 것이 바로 일반상대성이론이다. 일반상대성이론의 핵심은 한마디로 중력과 가속도가 같다는 것이다. 중력을 느낄 수 없는 상황에서 가속운동을 하게 되면 중력을 느끼게 된다. 두둥실 떠 있는 우주선 안의 우주인이 우주선이 가속되면 가속되는 반대 방향으로 중력이 작용해 바닥을 딛을 수 있게 되는 것과 같다. 가속이 중력의 효과를 만들어 내는 것이다. 아인슈타인은 이것을 '가속도와 중력의 등가원리'라 했다.

이 세상의 모든 물체 사이에는 만유인력이 존재한다는 것은 뉴턴이 발견한 법칙이다. 특히 지구상의 물체가 지구의 인력에 끌리는 것을 중력이라고 한다. 뉴턴은 물체 사이에 중력이 작용하고, 그 세기는 두

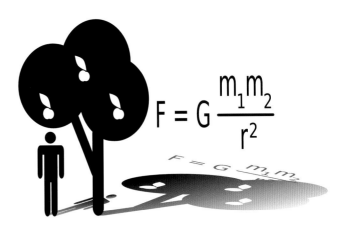

$$F = G \frac{m_1 m_2}{r^2}$$

물체의 질량의 곱에 비례하며 두 물체 사이의 거리의 제곱에 반비례한다는 것을 밝혀냈다. 하지만 중력이 어떻게 작용하는지, 왜 서로 끌어당기는지는 설명하지 못했다.

## 중력에 의해 휘어지는 공간

아인슈타인은 일반상대성이론을 통해 중력이 작용하는 방식을 설명했다. 물체가 가지고 있는 중력이 물체 주위의 공간을 일그러지게 만들기 때문이라는 것이다. 즉, 물체가 있는 공간이 물체에 의해 휘어져 있기 때문에 주변의 물체가 끌려오게 되는 것이 바로 중력이라는 것이다. 얇고 평평한 고무막에 사과를 놓으면 사과의 질량으로 고무막 표면이 휘어지게 된다. 이 고무막 가장자리에 작은 물체를 놓으면 그 물체는 사과 쪽으로 굴러갈 것이다. 이것이 중력이 작용하는 방식이다. 일반상대성이론에 의하면 공간이 일그러지면 시간도 느려진다. 중력 때문에 공간이 일그러지면 빛이 지나가는 길도 일그러지고 그렇게 되면 시간이 느려지기 때문이다. 실제로 이런 생각은 1919년 영국의 천문학자 아서

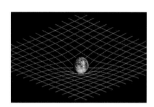

중력에 의해 휘어지는 공간

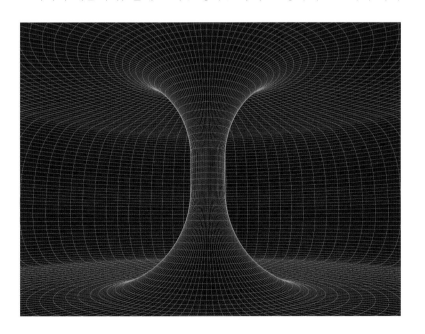

아서 에딩턴

중력이 크면 그만큼 시공간도 더 크게 일그러진다.

에딩턴이 개기일식 때 태양 뒤쪽에 있는 별에서 오는 빛이 태양의 중력으로 시공간이 휘어진다는 사실을 관측함으로써 증명되었다.

중력이 큰 곳이라면 시공간이 더 크게 일그러지고 빛도 더 크게 휘어질 것이다. 블랙홀이 있는 곳은 중력이 너무나 커서 빛조차 빠져나오지 못할 것이며 시간도 멈춰 있는 것처럼 보일 것이다.

## 중력파란 무엇인가?

아인슈타인은 일반상대성이론을 발표한 이듬해인 1916년 중력파의 존재를 예언하는 논문을 발표했다. 일반상대성이론은 시공간을 일그러뜨리는 중력의 성질을 기술하는 것으로, 중력에 의한 일그러짐이 공간을 통해 퍼져 나간다고 보는 것이다. 마치 호수에 던져진 돌이 물결을

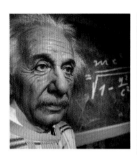

알베르트 아인슈타인(1879~1955)

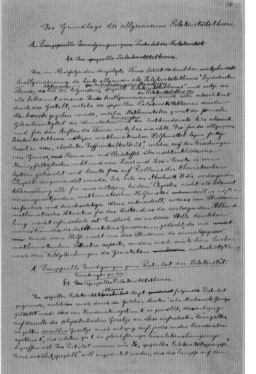

아인슈타인이 쓴 일반상대성
이론에 대한 논문 원고

일으키며 사방으로 퍼져 나가듯이, 질량을 가진 물체는 주변의 시공간을 일그러뜨린다. 아인슈타인은 일반상대성이론에 의해 수성의 근일점이 100년에 43초(1초는 각도 1°의 3600분의 1) 움직인다는 관측 결과를 계산으로 입증했다.

중력에 의한 일그러짐이 공간을 통해 빛의 속도로 퍼지는 것이 바로 중력파이다. 아인슈타인은 중력이 중력파의 형태로 우주 공간을 퍼져 나간다고 예언했다. 이러한 중력파는 빅뱅이라 불리는 우주 대폭발, 블랙홀이나 중성자성같이 질량이 큰 천체에서 생성된다. 그로부터 정확히 100년이 지난 2016년 2월, 아인슈타인이 예언했던 그 중력파가 검출된 것이다.

중력파는 세기가 워낙 미미하고 검출하기 어렵기 때문에 아인슈타인 본인도 잘못 예언했다고 생각했다. 중력의 세기는 거리의 제곱에 반비례한다. 즉, 거리가 멀어질수록 제곱의 크기로 작아지는 것이다. 따라서 우주 저 멀리에서 발생한 중력파가 지구까지 올 때까지 기다려서 그것을 검출한다는 것은 불가능에 가까운 것이었다. 그만큼 중력파를 검출하는 데는 수많은 과학자의 노력과 엄청난 비용 그리고 긴 시간이 필요했다.

## 중력파를 검출하기 위한 길고 험난한 여정

일반상대성이론은 지금까지 여러 가지 방법으로 검증을 받았다. 하지만 중력파는 검출되지 않아 유일한 미해결 과제로 남아 있었다. 전 세계의 많은 과학자들이 중력파를 검출하기 위해 노력했고, 그 길고 험난한 여정은 1960년대부터 시작되었다.

우주 공간에서 만들어진 중력파의 모습

1968년 미국 메릴랜드대 조세프 웨버 교수는 일명 '웨버 바'라고 하는 공명 막대형 검출기로 중력파 검출을 시도했다. 웨버 교수는 검출기에서 잡아낸 신호가 잡음일 확률이 7000년에 한 번꼴로 낮은 점을 들어 중력파 신호로 볼 수 있다고 판단하고 1969년 논문으로 발표했다.

조지프 테일러 교수

러셀 헐스 교수

전 세계 물리학자들은 흥분을 감추지 못했고, 언론 매체들은 역사상 가장 위대한 발견 중 하나라고 찬사를 아끼지 않았다.

1970년 웨버 교수의 결과를 검증하기 위해 실험실이 만들어졌고 우리 은하 중심부에서 오는 중력파 신호를 탐지하기 시작했다. 하지만 중력파 검출 재현 실험은 더 이상 성공하지 못했다. 게다가 웨버 교수의 논문에서 오류가 발견되면서 1969년에 발표했던 웨버 교수의 중력파는 사실이 아님이 밝혀졌다. 그러나 과학자들은 이 일을 계기로 중력파 검출에 대한 새로운 방법에 관심을 가지게 되었다. 또한 1974년 미국 프린스턴대 조지프 테일러 교수와 러셀 헐스 교수가 두 개의 중성자별이 가까워지면서 중력파가 발생한다는 사실을 밝혀냈다. 두 사람은 이중펄서의 발견과 중력파 연구로 1993년 노벨 물리학상을 공동 수상했다. 이로써 중력파 검출에 대한 관심은 한층 더 높아지게 되었고, 웨버 교수의 공명 막대형 검출기의 대안으로 레이저 간섭계가 등장하게 되었다. 미

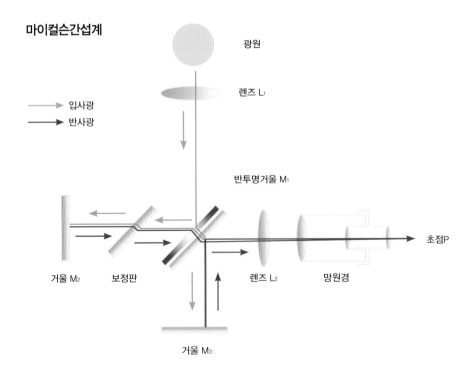

마이컬슨간섭계

광원

렌즈 L₁

입사광
반사광

반투명거울 M₁

초점P

거울 M₂    보정판    렌즈 L₂    망원경

거울 M₃

국국립과학재단은 미국 캘리포니아공과대 킵 손 교수와 로널드 드레버 교수, 매사추세츠공과대 라이너 웨이스 교수 등의 제안에 따라 레이저 간섭계 기술을 통한 중력파 검출에 총력을 기울이기 시작했다.

레이저 간섭계는 레이저 발생기에서 발사한 레이저가 물체에 부딪쳐 반사할 때 우주 공간에 존재하는 중력파와 간섭이 발생하면 레이저의 파동 모양에 변화가 생기는 것을 감지할 수 있는 장치다. 간섭계는 광원에서 나온 빛을 직각이 되도록 나누어 진행시킨 다음, 다시 되돌아와 만나게 하여 간섭을 시키는 장치다. 각각 다른 경로를 지날 때 어떤 변화가 있었다면 그것을 감지할 수 있는 것이다. 이것이 마이컬슨간섭계이고, 라이고가 중력파를 검출하는 원리인 것이다.

이는 라이고(LIGO) 개발의 시초가 되었다. 라이고는 1992년 개발이 시작되어 1997년 완성되었다. 미국 워싱턴 주 핸포드와 루이지애나 주 리빙스턴 두 곳에 관측소가 위치해 있다. 각각의 관측소는 직각으로 놓인 두 개의 다리 모양으로 되어 있다. 두 개의 다리는 길이 4km, 지름 1.2m이며 다리 내부는 진공으로 되어 있고, 외부는 콘크리트로 감싸여 있다. 다리가 두 개인 것은 레이저를 직각인 두 다리로 분리해서 보내고 반사되어 돌아오는 빛을 분석하면 간섭 현상이 일어났는지 알 수 있기 때문이다. 한마디로 라이고는 마이컬슨간섭계를 땅 위에 만들어놓은 거대한 간섭계인 것이다.

라이고의 두 관측소. 3000km 떨어져 있다.

이런 방식으로 만들어진 검출기로는 미국의 라이고를 비롯하여 이탈리아에 있는 유럽중력파검출연구단의 버고(Virgo)가 있고, 독일의 지오600(GEO600)이 있다. 터널의 길이가 가장 긴 것이 4km인 라이고이고 버고는 3km, 지오600은 600m다. 라이고의 두 관측소가 있는 핸포드와 리빙스턴은 3000km 떨어져 있다. 두 관측소에서 동시에 관측을 하면 파동의 방향을 좀 더 정확하게 알 수 있고 가짜 신호를 걸러낼 수도 있다. 라이고는 미국을 비롯해 우리나라, 일본, 독일 등 15개국 80여 개 연구 기관 1000여 명의 연구진이 참여하고 있다. 2002년부터 2010년까지 여섯 차례에 걸쳐 중력파 검출을 시도했으나 실패하고 민감도를 더 높여 '어드밴스드 라이고'로 업그레이드를 하게 되었다. 5년간의 업그레이드가 끝나면서 2015년 9월 14일, 라이고 연구진들은 아인슈타인의 예언이 틀리지 않았다는 사실을 확인하기에 충분한 중력파 신호를 감지한 것이다.

## 어디서 온 중력파인가?

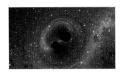

마젤란 성운 방향으로 13억 광년 떨어진 곳에서 두 개의 블랙홀이 충돌해 하나의 블랙홀이 되면서 생겨난 중력파를 지구의 라이고라는 중력파 관측소에서 포착하였다. © LIGO

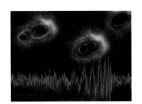

두 개의 블랙홀이 하나로 합쳐지면서 생긴 중력파를 핸포드와 리빙스톤에 있는 관측소에서 포착한 모습. 0.3초에 걸쳐 측정한 신호의 흐름을 얻었다고 라이고 연구진이 밝혔다. © LIGO

2015년 9월 14일, 라이고 연구진은 중력파 신호를 감지했다고 발표했다. 쌍성계를 이루고 있던 두 개의 블랙홀이 충돌하는 과정에서 생성된 중력파였다. 지구로부터 13억 광년(1광년은 빛이 1초에 30만km의 속도로 1년 동안 간 거리) 떨어진 곳에서 태양 질량의 36배 되는 블랙홀과 태양 질량의 29배 되는 블랙홀이 충돌해 태양 질량의 62배나 되는 새로운 블랙홀이 만들어졌는데 이때 중력파가 발생한 것이다. 빛의 속도로 지구를 스쳐 지나가는 중력파를 라이고가 잡아낸 것이다. 라이고 연구진은 5개월에 걸친 철저한 검증 끝에 2016년 2월 12일 전 세계에 중력파 검출을 발표했다. 중력파 신호 감지에서 발표까지 철저히 비밀로 부쳐졌음은 물론이다.

라이고 실험책임자인 미국 캘리포니아공과대 데이비드 라이츠 교수는 이번에 검출한 중력파의 크기는 양성자보다 작은 크기이며 태양과 가장 가까운 별까지의 거리를 재는 데 머리카락 하나의 굵기 차이도 잴 수 있다고 밝혔다. 양성자의 크기는 1000조 분의 1m이며 중력파의 크기는 그것의 1만 분의 1 크기였다. 쉽게 상상하기 불가능한 크기다. 그만큼 '어드밴스드 라이고'의 정밀도가 뛰어남을 의미한다.

두 개의 블랙홀이 충돌해 하나의 거대한 블랙홀이 만들어지는 것도 그동안 이론적으로만 예측했다. 그런데 이번에 이런 현상도 관측을 하게 된 것이다. 두 개의 블랙홀이 합쳐지면서 태양 질량의 3배 정도 되는 질량이 중력파 에너지가 되어 우주 공간을 물결처럼 퍼져 나간 것으로 추측된다. 이것이 지구까지 전해졌는데 라이고가 이를 잡아낸 것이

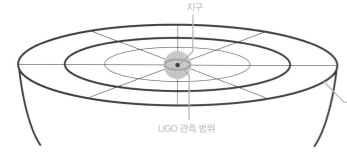

지구

LIGO 관측 범위

AdvLIGO 관측 범위

**어드밴스드 라이고의 중력파 관측 범위 1000배 늘어나**

기존 라이고(LIGO)에서 업그레이드시킨 어드밴스드 라이고(AdvLIGO)는 관측 범위가 x, y, z축으로 각각 10배씩 늘어났다. 천구상에서는 관측 범위가 1000배 넓어진다.

어드밴스드 라이고의 실제 모습

다. 13억 광년 떨어진 곳에서 생겨난 중력파가 출렁이듯 지구로 다가오고 과학자들이 그것을 감지해냈다는 것이 믿어지는가!

## 우주의 비밀을 푸는 또 하나의 눈!

지금으로부터 약 400년 전인 1609년 이탈리아의 과학자 갈릴레오 갈릴레이는 자신이 직접 발명한 망원경으로 달을 관측했다. 세계에서 최초로 맨눈이 아닌 망원경으로 달을 관측한 것이다. 갈릴레이가 본 달의 모습은 울퉁불퉁하기 그지없었다. 지난 2000년 동안 굳게 믿어왔던 아리스토텔레스의 생각이 틀렸다는 것을 입증하는 순간이었다. 아리스토텔레스는 하늘에 있는 해와 달 같은 천체는 완벽하고 흠이 없으며 영원하다고 생각했다.

갈릴레이가 발명한 망원경

갈릴레이는 계속해서 망원경을 통해 목성의 위성을 발견했다. 모든 천체가 지구를 중심으로 돌아야 하는데 목성을 중심으로 돌고 있는 천체를 발견한 것이다. 이것은 지구가 우주의 중심이 아니라는 코페르니쿠스의 지동설에 대한 강력한 증거가 되었다. 또한 갈릴레이는 구름처럼 보이는 은하수에 별들이 모여 있다는 사실을 처음으로 밝혀냈다. 갈릴레이가 우주를 본 것은 빛을 통해서였다.

지금까지 우주를 보면서 우리가 알아낸 모든 것들은 빛을 포함한 전자기파를 이용한 것이다. 가시광선, 엑스선, 감마선 등 전자기파를 통해서만 우주를 바라본 것이다. 우주에 쏘아올린 망원경도, 지상에서

인류 최초로 맨눈이 아닌 망원경으로 천체를 관측한 갈릴레이

가장 크다는 망원경도 전자기파를 통해 우주를 본다. 즉, 전자기파가 나오는 것만이 우리가 관측할 수 있는 대상이다. 블랙홀도 전자기파를 내놓는 천체가 주변에 있었기에 그 정체를 간접적으로 알 수 있었다. 그러나 이제는 상황이 달라졌다. 인류는 또 하나의 눈을 가지게 된 것이다. 그것이 바로 중력파다. 전자기파만으로는 정확하게 알 수 없었던 블랙홀의 질량이나 운동 상태 등을 이제는 중력파를 통해 자세히 알 수 있게 된다. 지금까지는 태양 질량의 수백만 배 되는 거대한 블랙홀을 간접적인 관측 방법으로 알 수 있었지만, 이제는 태양 질량의 30~50배 되는 작은 블랙홀들도 중력파로 관측하는 동시에 질량과 특징을 알 수 있게 된다.

또한 블랙홀뿐만 아니라 중성자별의 내부 구조 등을 파악할 수 있게 되었다. 중성자별은 주로 중성자로 이루어져 있으며, 쿼크와 파이온 등의 입자들이 섞여 있는 밀도가 큰 무거운 별 중 하나다. 두 개의 블랙홀이 충돌하여 하나의 블랙홀이 될 때 중력파가 발생하듯이 중성자별도 두 개가 짝을 이루어 충돌할 때 중력파가 발생한다. 이 중력파를 검출해 분석하면 중성자별을 이루는 입자들을 알 수 있게 된다. 따라서 무거운 별들이 어떻게 탄생하고 진화하는지 지금까지보다 더 정확하게 밝힐 수 있다. 중력파 검출이 주는 의미는 앞으로 더욱 빛을 발할 것이다. 지금

중력파를 관측하면 행성과 별의 탄생과 진화 과정을 더 자세히 알 수 있게 된다.

까지 빛을 통해 우주를 바라봤다면, 이제는 중성미자와 중력파를 통해 우주 아주 깊은 곳까지 바라볼 수 있게 된다. 바야흐로 중력파 천문학 시대가 활짝 열린 것이다. 대폭발이라 부르는 빅뱅으로부터 우주가 시작된 후 38만 년까지의 시기는 양성자, 중성자, 전자 등의 물질을 이루는 기본적인 입자들이 온통 뒤섞여 있어 미세먼지처럼 빛의 진행을 방해하고 있었다. 그렇기 때문에 그 당시 어떤 일이 벌어졌는지 알 수가 없었다. 그러나 그 당

**우주의 진화과정**

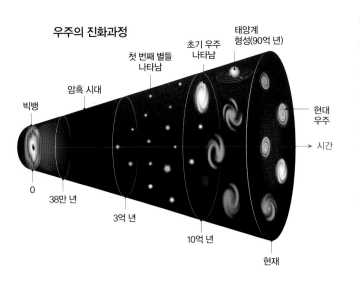

태양계
형성(90억 년)

첫 번째 별들
나타남

초기 우주
나타남

암흑 시대

빅뱅

현대
우주

시간

0

38만 년

3억 년

10억 년

현재

시 생성된 중력파라면 이런 물질의 방해를 받지 않고 지구까지 도달할 수 있다. 따라서 당시 생성된 중력파를 관측하면 우주 생성 초기 입자들의 분포 상황을 자세히 알 수 있는 것이다. 이 이야기는 별과 은하가 어떻게 만들어지고 어떤 과정을 통해 현재의 모습이 만들어졌는지 알 수 있음을 의미한다.

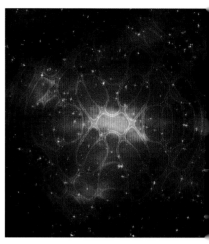

우주 공간에서 만들어진
중력파의 상상도

또한 중력파의 발견은 물질을 구성하는 기본 입자들 사이의 상호 작용 연구에도 영향을 미칠 것이다. 자연계에는 크게 네 가지의 힘이 작용한다. 중력, 전자기력, 약한 핵력, 강한 핵력이 그것이다. 이 네 가지 힘은 우주 생성 초기에는 통합되어 있었을 것이다. 그러다 시간이 지나면서 네 가지 힘으로 갈라져 현재처럼 존재하게 되었을 것이다. 물론 지금은 중력을 제외한 세 가지 힘은 통합되었다. 아인슈타인은 이 힘들의 통합 이론을 연구하는 데 평생을 바쳤지만 끝내 성공하지 못했다. 하지만 우주 초기의 중력파를 관측할 수 있다면 모든 힘의 통합에 대한 연구가 활발하게 이루어질 것이다. 아울러 우주 공간을 대부분 차지하고 있는 암흑 물질과 암흑 에너지에 대한 연구도 중력파를 활용해 커다란 진전이 이루어질 것이다. 중력파는 한마디로 우주의 비밀을 밝히는 또 하나의 눈인 동시에 우주를 향해 열린 또 하나의 창문인 것이다.

# 가상현실 증강현실

## 유범재

1985년 서울대 공과대학 제어계측공학 학사학위를 받았고, 1987년과 1991년 각각 한국과학기술원(KAIST)에서 전기및전자공학 석사학위와 박사학위를 받았다. 그 후 1994년까지 벤처기업인 (주)터보테크에서 근무하였고, 1994년 10월 한국과학기술연구원(KIST)으로 옮겨 〈시각 기반 로봇〉에 대한 연구개발을 본격적으로 시작하였다. 2004년부터 7년간 KIST 인지로봇연구단 단장을 역임하였고, 현재 (재)실감교류인체감응솔루션연구단 단장을 맡고 있다. 2005년 1월, 로봇기술과 정보통신기술을 융합한 '네트워크 기반 휴머노이드'를 세계 최초로 개발하였고, 2010년 1월에는 세계 최고 수준의 '가사도우미 인간형로봇 마루–Z'를 개발하여 로봇이 일상생활 속에서 사용될 수 있음을 알렸다. 현재는 2010년 10월부터 시작된 미래창조과학부 글로벌프런티어사업인 '현실과 가상의 통합을 위한 인체감응솔루션' 연구를 통해, 미래사회에서 네트워크로 연결된 원격 사용자 간의 새로운 소통과 협업을 위한 공존현실 기술 개발을 추진하고 있다.

# 가상현실, 증강현실, 혼합현실의 차이점과 인간의 삶에 끼치는 영향력은?

4차 산업혁명에 대한 기대와 함께, 가상현실(VR, Virtual Reality), 증강현실(AR, Augmented Reality), 혼합현실(MR, Mixed Reality)에 대한 관심으로 전 세계가 뜨겁다. 세계적인 글로벌 기업인 구글(Google), 마이크로소프트(Microsoft), 애플(Apple), 페이스북(Facebook), 소니(Sony) 등도 차세대 제품 개발에 혼신의 힘을 기울이고 있다. 국내에서도 삼성전자와 LG전자에서 살짝 발을 들여놓았다. 최근 가상현실 게임들이 출시되기 시작하였고, 가상현실 뉴스가 주요 신문사 인터넷 페이지에서 서비스를 시작했으며, 스마트폰에서 증강현실 개념을 도입한 포켓몬고 게임이 세계적으로 큰 인기를 끌었다. 이는 과연 무슨 기술이고 가상현실, 증강현실, 혼합현실은 어떤 차이점이 있는 것일까?

가상현실이란 컴퓨터 소프트웨어를 사용하여 현실세계와 매우 흡사한 가상세계를 생성하는 기술과, 사용자에게 실제 같은 영상, 음향 및 기타 감각 정보를 제공함으로써 가상세계 안에서 시간적·공간적으로 스스로 존재하는 것처럼 느끼도록 해주는 시뮬레이션 기술을 의미한다. 사용자는 현실세계에 대한 정보는 없고, 가상으로 만들어진 세계만을 경험하게 된다. 공룡들이 존재하는 중생대를 재현하여 공포에 찬 소리와 함께 공룡들을 보고 체험할 수 있게 하거나, 수많은 장기와 세포로 구성된 인체 내부를 가상으로 재현하여 관찰하고 학습하기도 한다. 군인들이 작전에 투입되기 전에 실제 전장과 유사한 환경을 가상현실로 만들어 미리 훈련하는 훈련시스템, 항공기 운전석을 가상현실로 만들어 전투기나 항공기를 운전, 비행하는 훈련도 이에 해당한다.

VR 군사훈련

영화 〈매트릭스〉에서 주인공들은 디스플레이 장치 대신 목 뒤에 전극을 심어 뇌신경에 직접 접속하는 방식으로 가상세계로 들어가, 새로운 사람들을 만나고 인류를 구원하기 위해 강력한 파워를 가진 컴퓨터 바이러스와 한판 전쟁을 치른다. 가상현실을 보여주는 대표적인 예이다. 최근 출시되고 있는 가상현실 게임은 그동안 사용하던 PC(개인용 컴퓨터) 모니터 대신, 헤드 마운트 디스플레이(HMD, Head-mount Display) 장치를 머리와 얼굴에 착용하고 게임하는 것이다. PC 모니터를 보면서 스타크래프트 게임을 하는 중에 눈이나 머리를 주변으로 돌리면 모니터가 놓여 있는 방과 물건들이 보여서, 게임이 현실이 아님을 바로 느끼게 된다. 그러나 헤드 마운트 디스플레이 장치를 얼굴에 착용하면, 내 주변의 현실공간은 보이지 않고 디스플레이에 나타나는 가상세계만을 볼 수 있어서, 마치 게임에서 만들어진 가상세계로 본인이 직접 들어온 것같이 몰입감을 느끼면서 즐길 수 있다. 머리나 눈을 돌리면 그 방향의 가상세계가 보이고, 손에 간단한 장치들을 착용하면 실재감을 더욱 느낄 수 있다.

영화 〈매트릭스〉 포스터
© 네이버 영화

증강현실이란 눈앞에 보이는 현실세계의 영상에 부가(증강)하여 컴퓨터에 의해 만들어진 가상 그래픽, 소리 및 기타 정보를 사용자의 자세나 위치에 따라 추가하여 함께 제공하는 기술을 의미한다. 현실세계를 가상세계로 보완해주는 개념으로, 컴퓨터 그래픽으로 만들어진 가상

VR 게임을 하는 모습

정보를 사용하지만 현실세계가 중심이다. 최근 많은 인기를 끌었던 포켓몬고 게임을 살펴보면, 스마트폰에 탑재된 GPS(위치추적장치) 정보를 활용하여 사용자가 특정장소에 도착했는지 판단하고, 근처에 도착하면 실제 장소의 영상이 보이는 스마트폰 화면에 그래픽 기술로 만들어진 포켓몬 캐릭터를 함께 보여준다. 이때 터치 인터페이스를 조작하여 캐릭터를 잡을 수 있다. 위치 기반 서비스로 그래픽 정보를 증강해 매우 단순하게 증강현실의 개념을 적용한 스마트폰 게임이다.

이보다 먼저 선보인 증강현실 서비스는 특정 마커(Marker)나 패턴이 있는 곳을 스마트폰(혹은 태블릿)으로 비추면 그 안에 숨겨진 정보를 스마트폰 화면에 보인 마커 위에 그래픽 정보를 증강해서 보여주는 방식이다. 마커를 감지하고 지속적으로 추적하는 트래킹 기술이 중요하다. 마커는 평면에 흑백으로 표시된 패턴, QR 코드, 미리 알고 있는 사진, 선이나 원 같은 특정한 패턴 등 다양하다. 빈 책상 위 네 모퉁이에 흑백 마커들을 붙이고, 동시에 네 개의 마커를 추적하면서 책상 위에 필

스마트폰 화면에 뜬
포켓몬고 영상

요한 삼차원 정보들을 보여줄 수 있다. 혹은 잡지의 표지나 속지의 사진을 마커로 사용하는 경우, 잡지에 인쇄되지 않은 새로운 정보를 스마트폰 화면에 보여줄 수 있다. 잡지에 인쇄된 자동차 사진을 스마트폰으로 보면 자동차의 삼차원 모델을 화면에서 볼 수 있고, 손가락으로 돌리면서 임의의 방향에서 자동차를 볼 수 있으며, 문이나 트렁크를 열어볼 수도 있다.

영화 〈아이언맨〉에 나오는
중강현실의 예 ⓒ 네이버 영화

영화 〈아이언맨〉을 보면 주인공이 아버지가 유산으로 남긴 도면을 연구실 중앙 공간에 영상으로 띄워놓고, 도면 중 일부를 손으로 집어 옮겨서 함께 조립하거나 불필요한 부분의 도면을 버리는 장면이 나온다. 주인공이 머리에 별도의 디스플레이 장치를 착용하지 않아서 어떻게 공간에 영상을 보여주었는지 의문이 남지만 미래의 홀로그램 기술이라고 가정하면, 개념적으로 가상정보를 현실공간에서 보여주고 이를 자유롭게 조작할 수 있다는 관점에서 증강현실을 보여주는 좋은 예이다.

혼합현실이란 현실세계에 대한 삼차원 모델과 정보들을 감지하여 사용자의 위치와 자세에 따라 가상 물체(정보)를 현실세계 속 실제 물체와 함께 존재하는 것처럼 생성, 부가하여 제시하고, 사용자와 가상 물체, 실제 물체가 현실처럼 서로 물리적으로 인터랙션함으로써 모두 실제인 것처럼 느끼도록 해주는 기술을 의미한다. 가상의 컵(잔)을 실제 테이블 위에 올려놓을 수 있고, 가상의 공을 던지면 실제 테이블에 튕겨

스마트폰과 태블릿을 사용한
증강현실

실내 체육관의 가상 돌고래: 매직리프
(https://www.magicleap.com)

손 위의 가상 코끼리
© 매직리프

집 안 테이블 위에서 가상
레고 블록을 쌓아올려 원하는
조형물을 만드는 모습
© 마이크로소프트

사용자가 헤드 마운트
디스플레이(HMD)와 글로브를
착용한 모습

서 바닥으로 떨어져 굴러가게 할 수 있다. 실제 테이블 위에서 가상 레고 블록을 쌓아올려 원하는 조형물을 만드는 중 무너지는 것을 볼 수도 있다. 매직리프(Magic Leaf)라는 회사에서 수년 전 공개한 동영상과 같이, 가상의 돌고래가 농구장 바닥에서 솟구쳐 올라왔다 다시 바닥으로 사라지는 등 현실세계 속에서 가상정보들이 실제처럼 인터랙션하는 것이 가능해진다. 또한 스타워즈에 나왔던 로봇 군인과 같은 가상의 아바타나 캐릭터가 방이나 사무실에 나타나 책상 아래나 문 뒤에 숨어서 총을 쏘거나 대포를 쏘면서 전쟁을 하는 게임도 가능해진다.

그럼, 이와 같은 가상현실, 증강현실, 혼합현실은 어떤 장치들과 기술을 사용해서 가능해지는 것일까? 먼저 가상현실을 체험하고 즐기려면 헤드 마운트 디스플레이 장치, 감각 생성을 위한 휴먼 인터페이스 장치와 컴퓨터가 필요하다. 헤드 마운트 디스플레이는 얼굴에 착용하고 삼차원 영상을 볼 수 있는 장치로, 머리의 위치와 자세를 추적할 수 있는 센서를 포함하고 있다. 수년 전까지만 해도 현재 수준의 헤드 마운트 디스플레이 제품은 수천만 원에 이르는 높은 가격이었지만, Oculus Rift DK1 출시 이후 100만 원 내외에서 구입할 수 있는 제품으로 출시되고 있다. 이와 함께 미래제품을 예측하는 가트너(Gartner)사에서도 "Goodbye smartphone, Hello Head-mount Display"라는 기사를 통해 포화되고 있는 스마트폰 시장 이후 새로운 제품으로서 헤드 마운트 디스플레이 시대의 도래를 예상하고 있다.

헤드 마운트 디스플레이는 크게 디스플레이 모듈을 자체에 탑재한 모델과 스마트폰을 삽입하여 사용할 수 있는 모델 두 가지로 분류된다. 디스플레이 모듈을 탑재한 헤드 마운트 디스플레이로는 Oculus Rift, HTC ViVE, 스타VR HMD, 소니의 Playstation VR HMD 등이 대표적이다. 스마트폰을 삽입하여 사용하는 모델로는 삼성 기어 VR, 구글의 Cardboard, 레노버사의 VR 케이스 등이 대표적이다.

Oculus Rift DK1

디스플레이를 탑재한 헤드 마운트 디스플레이는 백라이트, 디스플레이 모듈 및 디스플레이 드라이버로 구성되는 디스플레이부, 근거리의 영상을 원거리에서 본 것과 같은 효과를 제공하는 렌즈를 포함한 광학부, 이들을 고정하고 사용자에게 몰입감을 제공하는 케이스, 음향을 제공하는 이어폰(헤드폰), 사용자 음성을 읽어 들이기 위한 마이크 등으로 구성된다. 디스플레이부의 주요 사양은 해상도와 디스플레이 업데이트 속도, 렌즈 광학부의 주요 사양은 시야각(Field-of-view)과 초점거리 등이다. 케이스의 경우 크기, 무게 및 디자인이 주요 사양으로, 광학부의 초점거리에 의해 크기(두께)가 결정된다. 시각적인 몰입감을 제공하기 위해 양안 디스플레이 해상도는 2160×1200, 디스플레이 업데이트 속도 90Hz, 시야각 100도 수준 이상을 제공하는 제품을 선택해야

디스플레이 탑재형 헤드 마운트 디스플레이

스마트폰 삽입형 헤드 마운트 디스플레이

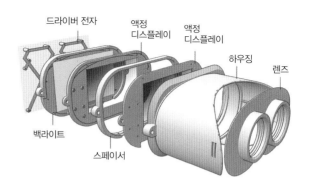

**헤드 마운트 디스플레이 내부 구성도**

드라이버 전자
액정 디스플레이
액정 디스플레이
하우징
렌즈
백라이트
스페이서

한다. 또한 사람마다 양안 간격이 다르므로 선명한 영상을 볼 수 있도록 이를 조절할 수 있는 기능을 가진 제품을 선택하는 것이 좋다.

스마트폰을 삽입하여 사용하는 헤드 마운트 디스플레이 모델은 앞서 설명한 장치에서 디스플레이부에 스마트폰을 집어넣고 사용하도록 한 제품으로, 양안 영상 디스플레이를 지원하는 스마트폰이 있어야 사용할 수 있다. 헤드 마운트 디스플레이 케이스의 앞부분을 열어서 스마트폰을 넣고 닫은 후 머리에 착용하고 사용하는 방식이다. 스마트폰의 성능과 광학부의 사양에 따라 전체 성능이 결정된다.

다음으로 사용자의 손을 사용해 가상세계와 인터랙션할 수 있도록 손가락 동작을 센싱할 수 있는 휴먼 인터페이스 장치가 필요하다. 아직 장갑형 장치들이 대부분이지만, 전 세계 여러 Start-up 기업들과 연구기관에서 손에 착용할 수 있는 저렴한 착용형 핸드 모캡 제품들을 개발 중이다. 장갑형 장치는 휘어지면 저항이나 정전 용량이 변화되는 필름형 센서 혹은 관성센서를 사용한 것으로, CyberGloveSystem사의 데이터 글로브, 5DT사의 데이터 글로브, PerceptionNeuron사의 착용형 모션캡처 장치 등이 대표적이나 가격이 아직 비싸다. 착용형 핸드 모캡 장치로는 Dexmo, Gest사의 제품이, 버튼과 관성센서를 사용한 간단한 모델들은 페이스북, HTC, 소니 등을 포함하여 다양한 제품들이 출시되고 있다. 그 외에 거리정보를 감지할 수 있는 소형 카메라를 헤드 마운트 디스플레이 앞에 장착하고 손 영상을 찍은 후 영상처리를 통해 손가락을 추적할 수 있는 기술들도 개발되고 있으나 손가락 간 중첩문제를 아직 해결하지 못하고 있다.

데이터 글로브 제품

착용형 핸드 모캡 제품

버튼형 제품

360 카메라 제품들(좌로부터 Ricoh, 삼성, 니콘, 코닥, LG, 노키아 제품)

이와 함께, 최근 주목받고 있는 360 카메라도 가상현실을 위한 센서로 사용될 수 있다. 360 카메라는 특정 방향의 사진만을 촬영할 수 있는 카메라와 달리, 카메라 위치에서 360도 전 방향의 사진을 촬영할 수 있는 카메라이다. 즉, 내가 보고 있는 정면만이 아니라 우측, 좌측, 뒤쪽 등 모든 방향에 대한 영상을 한 장의 사진으로 담을 수 있다. 두 개 이상의 이미지 센서를 사용하여 일차 영상을 획득하고, 경계선 부분에서 이질감이 생기지 않도록 이 영상들을 이어 붙여서 최종적으로 한 장의 360 사진을 만든다. 따라서 360 사진을 촬영한 후 이를 헤드 마운트 디스플레이를 착용하고 머리와 몸을 돌리면서 보면, 그 공간의 중심에 자신이 서 있는 것같이 느끼면서 각 방향의 영상을 볼 수 있다. 이와 같은 360 사진 혹은 동영상을 촬영할 수 있는 카메라는 리코, 삼성전자, LG전자, 코닥, 니콘, 노키아 등 다양한 회사에서 제품으로 판매하고 있다. 다만 거리감을 느낄 수 있는 3D 영상은 아직 제공하지 못하고 있다.

최근 미국과 한국의 몇몇 신문사에서 VR 서비스를 제공하면서, 360 사진을 제공하는 서비스가 도입되었다. 사건 혹은 행사 관련 사진을 360 사진으로 제공하면 머리를 돌려 보면서 현장감을 더 느낄 수 있다. 전체적인 분위기를 보다 잘 느낄 수 있는 장점이 있으나, 자세하게 보기 위해 확대하면 해상도가 낮아 현실감이 떨어지는 단점도 있다.

증강현실과 혼합현실을 즐기려면 어떤 장치들이 있어야 할까? 가상현실과 같이 헤드 마운트 디스플레이, 휴먼 인터페이스 장치와 컴퓨터가 필요하다. 큰 차이점은, 현실세계를 볼 수 있는 방식의 헤드 마운트 디스플레이 혹은 이를 대체할 수 있는 디스플레이 장치가 필요하다

360 카메라를
활용한 영상

는 점이다. 증강현실을 즐기기 위해 카메라와 위치추적 센서를 탑재한
스마트폰 혹은 태블릿 등을 사용할 수 있다. 이와 함께 사용자의 몰입감
을 개선하기 위해 현실세계에 대한 영상과 정보를 감지할 수 있는 센서
를 장착한 헤드 마운트 디스플레이를 사용하기도 한다.

최근 선보인 증강현실 스마트폰은 컬러정보와 거리정보를 동시에
획득할 수 있는 RGB-D 카메라를 탑재한 스마트폰이다. 이 카메라로
영상을 읽어서 해석하면 주변 근거리 환경에 대한 삼차원 정보를 복원
할 수 있어서, 적절한 가상정보를 원하는 위치에 환경과 어울리는 자세
로 증강할 수 있다. 2016년 말 레노버사에서 신제품으로 증강현실 스마
트폰 팹2 모델을 출시하여 향후 파급효과가 기대되고 있다. 다만, 아직
시야각이 좁고, RGB-D 카메라를 사용한 증강현실 앱을 사용하는 경우
스마트폰의 운전시간이 대폭 짧아지는 단점이 있다.

증강현실 혹은 혼합현실을 위한 헤드 마운트 디스플레이에는, 현
실세계는 사용자의 눈으로 직접 보고 가상세계를 디스플레이해 주는
Optical See-thru HMD(혹은 Glass)와, 현실세계와 가상세계를 모두
디스플레이를 통해 볼 수 있는 Video See-thru HMD가 있다. Optical
See-thru HMD의 대표적인 예로 한눈에 정보를 제공하는 구글 글래스
(Google Glass)와 마이크로소프트의 홀로렌즈(Hololens) 등이 있다.
2012년 출시된 구글 글래스는 초기에 많은 인기를 끌었으나 프라이버
시 및 안전 문제로 인해 대중화되지 못했다. 2015년 출시된 홀로렌즈는

마이크로소프트사의 홀로렌즈

외부 환경에 대한 3D 모델을 실시간으로 만들 수 있어 증강현실뿐 아니라 혼합현실까지 적용할 수 있는 디바이스이나, 아직 시야각이 좁고 가격이 300만 원대로 비싼 편이어서 연구용으로 도입되고 있다. Video See-thru HMD는 가상현실 HMD 앞에 스테레오 카메라(인간의 두 눈처럼 이미지 센서 두 개를 사용하여 영상을 촬영하는 카메라)를 붙여서, 현실세계의 영상을 카메라를 통해 읽어 들이고 이 영상과 컴퓨터에 의해 만들어진 가상세계의 영상을 하나로 결합하여 보여주는 헤드 마운트 디스플레이 장치다. 아직 대표할 만한 제품이 출시되지 않았으나 Optical See-thru HMD에 비해 넓은 시야각을 확보할 수 있고, 현실세계와 가상세계의 삼차원 결합이 용이해 혼합현실에 적합할 것으로 기대되고 있다.

레노버사에서 출시한
증강현실 스마트폰 팹2 프로

그 외에 증강현실과 혼합현실을 현실세계에서 자유롭게 사용하려면 사용자의 위치와 자세의 실시간 추적센서와 환경에 대한 삼차원 모델을 고속으로 생성할 수 있는 센서들이 필요하다. 헤드 마운트 디스플레이에 장착된 센서들을 제한적인 범위 내에서 사용할 수 있으나, 사무실, 집과 같은 비교적 넓지 않은 실내에서도 사용할 수 있는 센서들에 대한 지속적인 연구 개발이 필요하다. 마지막으로, 앞서 소개된 센서, 디스플레이 및 휴먼 인터페이스 등을 통합 및 활용하여 생활 속에서 유용한 응용서비스 콘텐츠와 다양한 어플리케이션을 개발하기 위한 소프트웨어 프레임워크(플랫폼)가 필요하다. 이는 기술적으로 그래픽스, 센서 및 햅틱 인터페이스, 신호처리, 물리 인터랙션, 실시간 네트워크, 다중 감각 렌더링 등 다양한 분야의 기술들이 통합된 소프트웨어 엔진을 의미한다. 구글, 마이크로소프트, 애플, 페이스북 등 글로벌 기업에서 세계적인 기술 및 서비스 리더십을 유지하면서 이익을 창출하기 위한 수단이기도 하다. C, C++와 같은 컴퓨터 언어에서 시작하여 보다 상위 수준의 컴퓨터 언어를 사용하여, 새로운 개념과 서비스를 프로그램으로 개발할 수 있는 능력이 필수적이다. 이와 같은 가상현실, 증강현실, 혼합현실은 4차 산업혁명을 주도할 기술들로 꼽힌다. 정부에서도 가까운 미래에 상용화될 것으로 예상해, 원천기술과 서비스 콘텐츠 기술개발을

홀로렌즈로 보는 영상
© 마이크로소프트

## AR/VR 시장 규모 예측

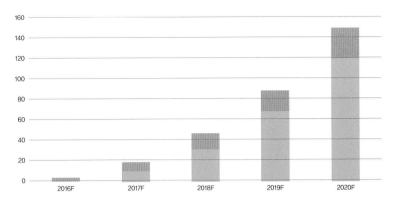

증강현실　　가상현실

## AR/VR 시장 응용분야 예측

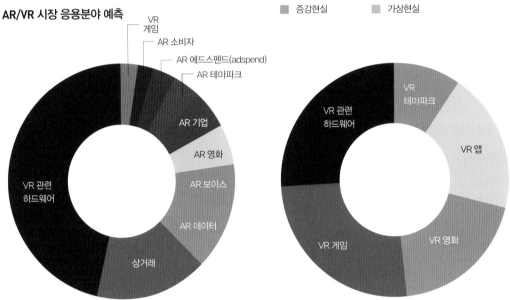

VR
게임

AR 소비자

AR 에드스펜드(adspend)

AR 테마파크

AR 기업

AR 영화

AR 보이스

AR 데이터

상거래

VR 관련
하드웨어

VR 관련
하드웨어

VR
테마파크

VR 앱

VR 영화

VR 게임

## AR/VR 소프트웨어 시장 예측

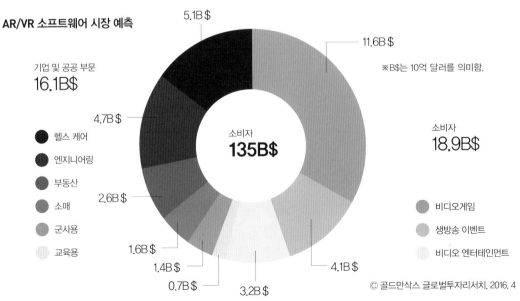

5.1B $

11.6B $

※B$는 10억 달러를 의미함.

기업 및 공공 부문
16.1B$

4.7B $

소비자
135B$

소비자
18.9B$

2.6B $

1.6B $

1.4B $

0.7B $

3.2B $

4.1B $

⬤ 헬스 케어
⬤ 엔지니어링
⬤ 부동산
⬤ 소매
⬤ 군사용
⬤ 교육용

⬤ 비디오게임
⬤ 생방송 이벤트
⬤ 비디오 엔터테인먼트

© 골드만삭스 글로벌투자리서치, 2016. 4

위해 적극적으로 투자를 결정, 추진하기 시작하였다. 그렇다면 세계적으로 기대하고 있는 응용 분야와 시장의 규모는 얼마나 될까?

2015년 4월 Digi-Capital에서는 가상현실과 증강현실의 2020년 가상현실 시장규모는 30B$, 증강현실과 혼합현실의 시장규모는 120B$로 제시했다. 또한 이 시장이 현재의 스마트폰 시장을 점진적으로 점유해갈 것으로 예상했다. 이와 함께 가상현실의 주요 시장으로 VR 게임, VR 관련 하드웨어, 3D 필름(영화) 산업을 제시했고, 증강현실의 주요 시장으로 AR 관련 하드웨어, 상거래, AR 데이터 산업을 제시했다. 2016년 4월 골드만삭스 글로벌투자 리서치에서는 2025년 가상현실과 증강현실 소프트웨어 세계시장 규모를 35B$ 시장으로 예측하고, 일반 소비자를 대상 시장과 공공 서비스 시장으로 구분해 주요 시장을 제시했다. 일반 소비자 시장에서는 비디오 게임, 생방송 이벤트, 비디오 엔터테인먼트로 분할했는데, 비디오 게임시장을 가장 큰 시장으로 예측했다. 공공 서비스 시장은 헬스 케어와 산업 응용을 위한 엔지니어링 시장을 주요 시장으로 예측했다.

영화 〈킹스맨〉에 나오는 원격
화상회의 장면
© 네이버 영화

지능형 서비스 로봇과 함께 가상현실, 증강현실, 혼합현실은 미래
4차 산업혁명을 이끌어갈 주요 분야로서 새로운 제품과 이로 인해 변화
될 삶에 대한 기대를 갖게 한다. 이러한 미래 예측을 현실화하기 위해서
는 신선한 응용분야의 발굴과 원천기술들을 확보함과 동시에, 스마트폰
을 대신할 헤드 마운트 디스플레이를 사용할 때 느끼는 부자연스러움을
해소하기 위한 기술적인 문제들과, 증강현실과 혼합현실 기술을 적용할
때 발생하는 보안과 프라이버시 문제를 해결하기 위한 노력이 지속적으
로 필요하다.

이를 극복함으로써, 영화 〈킹스맨〉처럼 원격지에 있는 사람들이
자신의 아바타를 실제 회의실에 보내 다른 사람들과 모여 회의하고 소
통하는 공존현실(Coexistent Reality)의 꿈을 현실로 만드는 새로운 시
장이 열리길 기대해 본다.